名家美学漫谈

蔡元培 著

美育人生

蔡元培美学精选集

吉林人民出版社

图书在版编目（CIP）数据

美育人生：蔡元培美学精选集 / 蔡元培著 . -- 长
春：吉林人民出版社，2020. 12
（名家美学漫谈 / 王楠主编）
ISBN 978-7-206-17878-8

Ⅰ.①美… Ⅱ.①蔡… Ⅲ.①美学—文集 Ⅳ.
① B83-53

中国版本图书馆 CIP 数据核字（2020）第 260347 号

出 品 人：常　宏
选题策划：吴文阁　翁立涛　四季中天
责任编辑：张　娜
助理编辑：刘　涵　丁　昊
封面设计：观止堂＿未　氓

美育人生：蔡元培美学精选集
MEIYU RENSHENG:CAI YUANPEI MEIXUE JINGXUAN JI

著　　者：蔡元培
出版发行：吉林人民出版社（长春市人民大街 7548 号　邮政编码：130022）
咨询电话：0431-85378007
印　　刷：天津雅泽印刷有限公司
开　　本：650mm×960mm　　　　1/16
印　　张：18　　　　　　　　字　　数：210 千字
标准书号：ISBN 978-7-206-17878-8
版　　次：2021 年 3 月第 1 版　　印　　次：2021 年 3 月第 1 次印刷
定　　价：52.80 元

出版说明

　　中国历史上有着极为丰富的美学遗产，继承和发扬这份遗产，对于我国当代的美学教育和美学实践，对于中华文化的伟大复兴，有着重要意义。王国维、梁启超、蔡元培等学者推动了我国美学理论的发展。

　　蔡元培认为："爱美是人类性能中固有的要求。一个民族，无论其文化的程度何若，从未有喜丑而厌美的。便是野蛮民族，亦有将红布挂在襟间以为装饰的，虽然他们的审美趣味很低，但即此一点，亦已足证明其有爱美之心了。我以为如其能够将这种爱美之心因势而利导之，小之可以怡性悦情，进德养身，大之可以治国平天下。何以见得呢？我们试反躬自省，当读画吟诗，搜奇探幽之际，在心头每每感到一种莫可名言的恬适。即此境界，平日那种是非利害的念头，人我差别的执着，都一概泯灭了，心中只有一片光明，一片天机。这样我们还不怡性悦情么？心旷则神逸，心广则体胖，我们还不能养身么？人我之别、利害之念既已泯灭，我们还不能进德么？人人如此，家家如此，还不能治国平天下么？"

　　王国维更是在美学领域取得了辉煌成就，其所创立的"意境说"是世界美学史上唯一以中为主、三美（中国、印度、西方三大哲学美学体系）结合的理论体系，具有深远的学术影响。

鉴于此，我们编选了这套《名家美学漫谈》，编选说明如下：

一、收录王国维、梁启超、蔡元培、朱自清作品中最适合广大读者阅读、学习的有关美学方面的代表作。

二、保留原作中符合当时语境的表述，只对错别字、常识性错误进行改动。

三、参照 2012 年 6 月实施的《出版物上数字用法》国家标准，在"得体""局部体例一致""同类别同形式"等原则下，对原书中涉及年龄、年月日等数字用法，不做改动（引文、表格和括号内特别注明的除外）。中华人民共和国成立后的年、月、日统一采用公元纪年法表示。

本丛书不仅是中国美学的代表作，也是广大读者提高审美素养和审美水平的经典读物。相信广大读者，尤其是青年朋友，能够从本丛书中得到有益的启发和借鉴。

编　者

目 录
contents

第三辑　教育漫谈

第一辑　美育与人生

美育与人生

　　人的一生，不外乎意志的活动，而意志是盲目的，其所恃以为较近之观照者，是知识；所以供远照、旁照之用者，是感情。

　　意志之表现为行为。行为之中，以一己的卫生而免死、趋利而避害者为最普通；此种行为，仅仅普通的知识，就可以指导了。进一步的，以众人的生及众人的利为目的，而一己的生与利即托于其中。此种行为，一方面由于知识上的计较，知道众人皆死而一己不能独生；众人皆害而一己不能独利。又一方面，则亦受感情的推动，不忍独生以坐视众人的死，不忍专利以坐视众人的害。更进一步，于必要时，愿舍一己的生以救众人的死；愿舍一己的利以去众人的害，把人我的分别，一己生死利害的关系，统统忘掉了。这种伟大而高尚的行为，是完全发动于感情的。

　　人人都有感情，而并非都有伟大而高尚的行为，这由于感情推动力的薄弱。要转弱而为强，转薄而为厚，有待于陶养。陶养的工具，为美的对象，陶养的作用，叫作美育。

　　美的对象，何以能陶养感情？因为他有两种特性：一是普遍；二是超脱。

　　一瓢之水，一人饮了，他人就没得分润；容足之地，一人占了，他人就没得并立；这种物质上不相入的成例，是助长人我的区别、自私自利的计较的。转而观美的对象，就大不相同。凡味觉、臭觉、肤觉之含有质的关系者，均不以美论；而美感的发动，乃以摄影及音波辗转传达之视觉与听觉为限。所以纯然有"天下为公"之概。名山大川，人人得而游览；夕阳明月，人人得而赏玩；公园的造像，美术馆的图画，人人得而畅观。齐宣王称"独乐乐不若与人乐乐"；"与少乐乐不若与众乐乐"；陶渊明称"奇文共欣赏"；这都是美的普遍性的证明。

植物的花，不过为果实的准备；而梅、杏、桃、李之属，诗人所咏叹的，以花为多。专供赏玩之花，且有因人择的作用，而不能结果的。动物的毛羽，所以御寒，人因有制裘、织呢的习惯；然白鹭之羽，孔雀之尾，乃专以供装饰。宫室可以避风雨就好了，何以要雕刻与彩画？器具可以应用就好了，何以要图案？语言可以达意就好了，何以要特制音调的诗歌？可以证明美的作用，是超越乎利用的范围的。

既有普遍性以打破人我的成见，又有超脱性以透出利害的关系；所以当着重要关头，有"富贵不能淫，贫贱不能移，威武不能屈"的气概；甚且有"杀身以成仁"而不"求生以害仁"的勇敢；这种是完全不由于知识的计较，而由于感情的陶养，就是不源于智育，而源于美育。

所以吾人固不可不有一种普通职业，以应利用厚生的需要；而于工作的余暇，又不可不读文学，听音乐，参观美术馆，以谋知识与感情的调和，这样，才算是认识人生的价值了。

1931 年前后

何谓文化

我没有受过正式的普通教育，曾经在德国大学听讲，也没有毕业，哪里配在学术讲演会开口呢？我这一回到湖南来，第一，是因为杜威、罗素两先生，是世界最著名的大哲学家，同时到湖南讲演，我很愿听一听。第二，是我对于湖南，有一种特别感想。我在路上，听一位湖南学者说："湖南人才，在历史上比较的很寂寞，最早的是屈原；直到宋代，有个周濂溪；直到明季，有个王船山，真少得很。"我以为蕴蓄得愈久，发展得愈广。近几十年，已经是湖南人发展的时期了，可分三期观察：一是湘军时代。有胡林翼、曾国藩、左宗棠及同时死战立功诸人。他们为清政府尽力，消灭太平天国，虽受革命党菲薄，然一时代人物，自有一时代眼光，不好过于责备。他们为维持地方秩序，保护人民生命，反对太平，也有片面的理由。而且清代经康熙、雍正以后，汉人信服满人几出至诚。直到湘军崛起，表示汉人能力，满人的信用才丧尽了。这也是间接促成革命。二是维新时代。梁启超、陈宝箴、徐仁铸等在湖南设立时务学堂，养成许多维新的人才。戊戌政变，被害的六君子中，以谭嗣同为最。他那思想的自由、眼光的远大，影响于后学不浅。三是革命时代。辛亥革命以前，革命党重要分子，湖南人最多，如黄兴、宋教仁、谭人凤等，是人人知道的。后来洪宪一役，又有蔡锷等恢复共和。已往的人才，已经如此热闹，将来宁可限量？此次驱逐张敬尧以后，励行文治，且首先举行学术讲演会，表示凡事推本学术的宗旨，尤为难得。我很愿来看看。这是我所以来的缘故。已经来了，不能不勉强说几句话。我知道湖南人对于新文化运动，有极高的热度。但希望到会诸君想想，那一项是已经实行到什么程度？应该什么样的求进步？

文化是人生发展的状况，所以从卫生起点，我们衣食住的状况，较之茹毛饮血、穴居野处的野蛮人，固然是进化了。但是我们的着衣吃饭，果然适合于生理么？偶然有病能不用乩方药签与五行生克等迷信，而利用医学药学的原理么？居室的光线空气，足用么？城市的水道及沟渠，已经整理么？道路虽然平坦，但行人常觉秽气扑鼻，可以不谋改革么？

卫生的设备，必需经费，我们不能不联想到经济上。中国是农业国，湖南又是产米最多的地方；俗语说"湖广熟，天下足"，可以证明。但闻湖南田每亩不过收谷三石，又并无副产。不特不能与欧美新农业比较，就是较之江浙间每亩得米三石，又可兼种蔬麦等，亦相差颇远。湖南富有矿产，有铁，有锑，有煤。工艺品如绣货、瓷器，亦皆有名。现在都还不大发达。因为交通不便，输出很不容易。考湖南面积比欧洲的瑞士、比利时、荷兰等国为大，彼等有三千以至七千启罗迈当的铁路，而湖南仅占有粤汉铁路的一段，尚未全筑。这不能不算是大缺陷。

经济的进化，不能不受政治的牵制。湖南这几年，政治上苦痛，终算受足了。幸而归到本省人的手，大家高唱自治，并且要从确定省宪法入手，这真是湖南人将来的生死关头。颇闻为制宪机关问题，各方面意见不同，此事或不免停顿。要是果有此事，真为可惜。还望大家为本省全体幸福计，彼此排除党见，协同进行，使省宪法得早日产出，自然别种政治问题，都可迎刃而解了。

近年政治家的纠纷，全由于政客的不道德，所以不能不兼及道德问题。道德不是固定的，随时随地，不能不有变迁，所以他的标准，也要用归纳法求出来。湖南人性质沈毅，守旧时固然守得很凶，趋新时也趋得很急。遇事能负责任，曾国藩说的"扎硬寨，打死仗"，确是湖南人的美德。但也有一部分的人似带点夸大、执拗的性质，是不可不注意的。

上列各方面文化，要他实行，非有大多数人了解不可，便是要从普及教育入手。罗素对于俄国布尔塞维克的不满意，就是少数专制多数。但这个专制，是因多数未受教育而起的。凡一种社会，必先有良好的小部分，然后能集成良好的大团体。所以要有良好的社会，必先有良好的个人，要有良好的个人，就要先有良好的教育。教育并不是专在学校，不过学校是严格一点，最初自然从小学入手。各国都以小学为义务教育，有定为十年的，有八年的，至少如日本，也有六年。现在有一种人，不满足于小学教育的普及，提倡普及大学教育。我们现在这小学教育还没有普及，还不猛进么？

若定小学为义务教育，小学以上，尚应有一种补习学校。欧洲此种学校，专为已入工厂或商店者而设，于夜间及星期日授课。于普通国语、数学而外，备有各种职业教育，任学者自由选习。德国此种学校，有预备职业到二百余种的。国中有一二邦，把补习教育规定在义务教育以内，至少二年。我们学制的乙种实业学校，也是这个用意，但仍在小学范围以内。于已就职业的人，不便补习。鄙意补习学校，还是不可省的。

进一步，是中等教育。我们中等教育，本分两系：一是中学校，专为毕业后再受高等教育者而设；一是甲种实业学校，专为受中等教育后即谋职业者而设。学生的父兄沿了科举时代的习惯，以为进中学与中举人一样，不筹将来能否再进高等学校，姑令往学。及中学毕业以后，即令谋生，殊觉毫无特长，就说学校无用。有一种教育家，遂想在中学里面加职业教育，不知中等的职业教育，自可在甲种实业学校中增加科目，改良教授法；初不必破坏中学本体。又现在女学生愿受高等教育的，日多一日，各地方收女生的中学很少，湖南止有周南代用女子中学校一所，将来或增设女子中学，或各中学都兼收女生，是不可不实行的。

再进一步，是高等教育。德国的土地比湖南止大了一倍半，人口多了两倍，有大学二十。法国的土地，比湖南大了一倍半，人口也止多了一倍半，有大学十六。别种专门学校，两国都有数十所。现在我们不敢说一省，就全国而言，只有国立北京大学，稍为完备，如山西大学，北洋大学，规模都还很小。尚有外人在中国设立的大学，也是有名无实的居多。以北大而论，学生也只有两千多人，比较各国都城大学学生在万人以上的，就差得远了。湖南本来有工业、法政等专门学校，近且筹备大学。为提高文化起见，不可不发展此类高等教育。

教育并不专在学校，学校以外，还有许多的机关。第一是图书馆。凡是有志读书而无力买书的人，或是孤本，抄本，极难得的书，都可以到图书馆研究。中国各地方差不多已经有图书馆，但往往止有旧书，不添新书。并且书目的编制，取书的方法，借书的手续，都不便利于读书的人，所以到馆研究的很少。我听说长沙有一个图书馆，不知道内容什么样。

其次是研究所。凡大学必有各种科学的研究所，但各国为便利学者起见，常常设有独立的研究所。如法国的巴斯笃研究所，专研究生物化学及微生物学，是世界最著名的。美国富人，常常创捐基金，设立各种研究所，所以工艺上新发明很多。我们北京大学，虽有研究所，但设备很不完全。至于独立的研究所，竟还没有听到。

其次是博物院。有科学博物院，或陈列各种最新的科学仪器，随时公开讲演，或按着进化的秩序，自最简单的器械，到最复杂的装置，循序渐进，使人一览了然。有自然历史博物院，陈列矿物及动植物标本，与人类关于生理病理的遗骸，可以见生物进化的痕迹，及卫生的需要。有历史博物院，按照时代，陈列各种遗留的古物，可以考见本族渐进的文化。有人类学博物院，陈列各民族日用器物、衣服、装饰品以及宫室的模型、风俗的照片，可以作文野的比较。有美术博物院，陈列各时代各民族的美术品，如雕刻、图画、工艺、美术以及建筑的断片等，不但可以供美术家的参考，并可以提起普通人优美高尚的兴趣。我们北京有一个历史博物馆，但陈列品很少。其余还没有听到的。

其次是展览会。博物院是永久的，展览会是临时的。最通行的展览会，是工艺品、商品、美术品，尤以美术品为多。或限于一个美术家的作品，或限于一国的美术家，或征及各国的美术品。其他特别的展览会，如关于卫生的、儿童教育的，还多。我们前几年在南京开过一个劝业会，近来在北京、上海，开了几次书画展览会，其余殊不多见。

其次是音乐会。音乐是美术的一种，古人很重视的。古书有《乐经》《乐记》。儒家礼、乐并重，除墨家非乐外，古代学者，没有不注重音乐的。外国有专门的音乐学校，又时有盛大的音乐会。就是咖啡馆中，也要请几个人奏点音乐。我们全国还没有一个音乐学校，除私人消遣，照演旧谱，婚丧大事，举行俗乐外，并没有新编的曲谱，也没有普通的音乐会，这是文化上的大缺点。

其次是戏剧。外国的剧本，无论歌词的、白话的，都出文学家手笔。演剧的人，都受过专门的教育。除了最著名的几种古剧以外，时时有新的剧本。随着社会的变化，时有适应的剧本，来表示一时代的感想。又发表文学家特别的思想，来改良社会，是最重要的一种社会教育的机关。我们各处都有戏馆，所演的都是旧剧。近来有一类人想改良戏剧，但是学力不足，意志又不坚定，反为旧剧所同化，真是可叹。至于影戏的感化力，与戏剧一样，传布更易。我们自己还不能编制，外国输入的，又不加取缔，往往有不正当的片子，是很有流弊的。

其次是印刷品，即书籍与报纸。他们那种类的单复，销路的多寡，与内容的有无价值，都可以看文化的程度。贩运传译，固然是文化的助力，但真正文化是要自己创造的。

以上将文化的内容，简单的说过了。尚有几句紧要的话，就是文化是要实现的，不是空口提倡的。文化是要各方面平均发展的，不是畸形的。文化是活的，是要时时进行的，不是死的，可以一时停滞的。所以要大家在各方面实地进行，而且时时刻刻的努力，这才可以当得文化运动的一句话。

1921 年 2 月 14 日

美术与科学的关系

　　诸君都是在专门学校肄业的，所学的都是专门的科学，而我所最喜欢研究的，却是美术，所以与诸君讲：美术与科学的关系。

　　我们的心理上，可以分三方面看：一面是意志，一面是知识，一面是感情。意志的表现是行为，属于伦理学，知识属于各科学，感情是属于美术的。我们是做人，自然行为是主体，但要行为断不能撇掉知识与感情。例如走路是一种行为，但要先探听：从那一条路走？几时可到目的地？探明白了，是有了走路的知识了；要是没有行路的兴会，就永不会走或走得不起劲，就不能走到目的地。又如踢球的也是一种行为，但要先研究踢的方法；知道踢法了，是有了踢球的知识了；要是不高兴踢，就永踢不好。所以知识与感情不好偏枯，就是科学与美术，不可偏废。

　　科学与美术有不同的点：科学是用概念的，美术是用直观的。譬如这里有花，在科学上讲起来，这是菊科的植物，这是植物，这是生物，都从概念上进行。若从美术家眼光看起来，这一朵菊花的形式与颜色觉得美观就是了。是不是叫作菊花，都可不管。其余的菊科植物什么样？植物什么样？生物什么样？更可不必管了。又如这里有桌子，在科学上讲起来，他那桌面与四足的比例，是合于力学的理法的；因而推到各种形式不同的桌子，同是一种理法；而且与桌子相类的椅子、凳子，也同是一种理法；因而推到屋顶与柱子的关系，也同是一种理法，都是从概念上进行。若从美术家眼光看起来，不过这一个桌面上纵横的尺度的比例配置得适当；四足的粗细与桌面的大小厚薄，配置得也适当罢了，不必推到别的桌子或别的器具。

但是科学虽然与美术不同，在各种科学上，都有可以应用美术眼光的地方。

算术是枯燥的科学，但美术上有一种截金法的比例，凡长方形的器物，最合于美感的，大都纵径与横径，总是三与五、五与八、八与十三等比例。就是圆形也是这样。

形学的点线面，是严格没有趣味的，但是图案画的分子，有一部分竟是点与直线、曲线，或三角形、四方形、圆形等凑合起来。又各种建筑或器具的形式，均不外乎直线、曲线的配置。不是很美观的么？

声音的高下，在声学上，不过一秒中发声器颤动次数的多少。但是一经复杂的乐器，繁变的曲谱配置起来，就可以成为高尚的音乐。

色彩的不同在光学上，也不过光线颤动迟速的分别。但是用美术的感情试验起来，红黄等色，叫人兴奋；蓝绿等色，叫人宁静。又把各种饱和或不饱和的颜色配置起来，竟可以唤起种种美的感情。

矿物学不过为应用矿物起见，但因此得见美丽的结晶，金类宝石类的光彩，很可以悦目。

生物学，固然可以知动植物构造的同异、生理的作用，但因此得见种种植物花叶的美，动物毛羽与体段的美。凡是美术家在雕刻上、图画上或装饰品上用作材料的，治生物学的人都时时可以遇到。

天文学，固然可以知各种星体引力的规则与星座的多寡；但如月光的魔力，星光的异态，凡是文学家几千年来叹赏不尽的，有较多的机会可以赏玩。

照上头所举的例看起来，治科学的人，不但治学的余暇，可以选几种美术，供自己的陶养，就是所专研的科学上面，也可以兼得美术的趣味，岂不是一举两得么？

常常看见专治科学、不兼涉美术的人，难免有萧索无聊的状态。无聊不过于生存上强迫的职务以外，俗的是借低劣的娱乐作消遣，高的是渐渐的成了厌世的神经病。因为专治科学，太偏于概念，太偏于分析，太偏于机械的作用了。譬如人是何等灵变的东西，照单纯的科学家眼光，解剖起来，不过几根骨头，几堆筋肉。化分起来，不过几种原质。要是科学进步，一定可以制造生人，与现在制造机械一样。兼且凡事都逃不了因果律。即如我们今日在这里会谈，照极端的因果律讲起来，都可以说是前定的。我为什么此时到湖南，为什么今日到这个第一师范学校，为什么我一定讲这些呢，为什么来听的一定是诸位，这都有各种原因凑合成功，竟没有一点自由的。就是一人的生死，国家的存亡，世界的成毁，都是机械作用，并没有自由的意志可以改变他的。抱了这种机械的人生观与世界观，不但对于自己竟无生趣，对于社会毫无爱情，就是对于所治的科学，也不过"依样画葫芦"，决没有创造的精神。

防这种流弊，就要求知识以外，兼养感情，就是治科学以外，兼治美术。有了美术的兴趣，不但觉得人生很有意义，很有价值，就是治科学的时候，也一定添了勇敢活泼的精神。请诸君试验一试验。

1921 年 2 月 22 日

在春晖中学的演说词

兄弟在北京时，经校长时常和我谈起春晖中学的情形，原早想来看看。此次回到故乡，又承五中沈校长邀同来此，今日得和诸位相会，非常欢喜。到了这里，觉得一切都好，所可说的只有羡慕诸君的话。我所羡慕诸君的有三：一是羡慕诸君有中学校可入，二是羡慕诸君所入的中学校是个私人创立的学校，三是羡慕诸君所入的学校有这样的好环境。

中学时代，是人生中最重要的一段。一切身体上、精神上、知识上的基础，都在这中学时代成。就身体上说，我们在这时候，正在发育时期，要想将来有健全的身体去担当社会事业，就非在这时候受正当的体育不可。就知识上说，凡是学问都不是独立的，譬如我想研究化学，就非知道数学、生物学、物理学等不可。如不在这时候修得普通知识，受到普通教育，将来就不能研求正当的学问。这时期无论在何种方面来看，都是重要关头，如果不让他好好地正当地经过，就要终身受亏。回想我从前和诸君一样年纪的时候，要求入中学而不可得，因为那时候还没有这样的一种机关。虽然读书，也无非延师教读，在家念点经书，作点当时通行的八股文而已。到了现在，身体不好，不能担当什么大事，虽想研究一种学问，可是根底没有，很觉得困难。譬如我想研究哲学，或是什么学科，但因没有数学、生物学、化学等的知识，就无从着手，要想一一重新学习呢，年龄已大，来不及了。这是我所常常自恨的。

中学一面继续着小学，一面又接着高等教育。诸君在小学时，大概都还不过是因了兴味而学习种种事情，对于各科，所得的不过是大约的概括的头绪，并未曾得着过分析的知识的。中学的功课比之小学，是较为分析的，将来到了专门大学，那分析将更精细。诸君已入中学，较在小学已更进一境，小学虽不过因了兴味来学习种种，在中学校，却不能只凭兴味，比之在小学时，要用点苦功下去，要格外精细的研究了。至于毕业后，或就去任社会事务，或去升入专门，各有各的一条路，分析将又细密，用力自然将又加多。但只要这时打好了根底，那时也就没有什么困难了。最重要的就是现在。关于各科，要好好地用功；身体要好好地当心，不要把他错过。这时代留意一分，终身就享受一分的利益，自己弄坏一分，终身就难免一分的吃亏。我回想到自己当时不得受中等教育，至今吃了不少的亏，所以对于今日在座的诸位，觉得很是羡慕。诸君生当现在，有中学可入，真是幸福。

现在中学已多，有官立的，有私立的。诸君所入的中学，却是一个个人创立的学校，尤为难得。这春晖中学是已故陈春澜先生独力出资创设的。他何以要出了许多私财来创立这个春晖中学呢？他虽有钱，如果不拿出来办这个学校，试问谁能强迫他，说他不是？可知他的出钱办学，完全出于自己的本心。他因为有感于自己幼时，未曾得到求学的机会，有了钱就出钱办学，使大家可以来此求学，这一层已很足使我们感动了。我们要怎样地用功，才不致辜负他这片苦心？春澜先生出钱办学时，想来总希望得着许多善良的学生，决不愿有坏学生的，我们要怎样地努力做好学生，才不致违反他的希望。我们人类，在生物中，无角无爪，很是柔弱，而能发达生存者，全在彼此互助，只顾一人，是断不能生存的。自己要人家帮助，同时也须帮助人家。譬如有能作工的，就应去帮助人家作工；有能医病的，就应去帮助人家医病。这样大家彼此互助，世界上的事情才弄得好。春澜先生出了这许多钱来办这个学校，于他自己是丝毫没有利益的，虽用了春晖二字做校名，他老先生死了，还自己晓得什么。他的出钱办学，无非要为帮助我们求学，他这样帮助了我们，我们将怎样地学他去帮助别人呢？这校的历史，种种都可以鼓舞我们，勉励我们。诸君得在此求学，比在别校更容易引起好的感想，更多自振的机会，这也是可羡慕的一件事。

春澜先生出钱办学，不办在都会，而办在这风景很好的清静的白马湖，这尤足令人快意。凡人行事，虽出于自己，但环境也是支配人的行为。人受环境影响，实是很大。孟母三迁，就是为此。譬如我们，如果置身于争权夺利的人群中，不久看惯了，也就会争权夺利起来，不以为耻了。此地白马湖四周没有坏的事情来诱惑我们，于修养最宜。风景的好，又是城市中人所难得目睹的，空气清爽，不比都会的烟尘熏蒸。这里所有的东西，在都市里都是难得办到的，或不能办到的。在都市的学校，要觅一个运动场不可得，而此地却有很宽大的运动场，并且要扩充也容易。都市中人要花许多旅费才能领略的山水，而诸君却可朝夕赏玩，游钓任意。诸君要研究生物，标本随时随处可得；要研究地理，随处都是材料；天上的星辰，空中的飞鸟，无一不是供给诸君实际上的知识。此地的环境，可以使得诸君于品格上、身体上、知识上得着无限的利益，我很羡慕。

又，人生在世，所要的不但是知识，还要求情的满足。知识的能力，足以征服自然，现在的电灯，较古时的油灯进步；现在的飞机、轮船、火车，较古时的舟车进步。古人虽有很好的心思，但因为被偏见所迷，以为异国人或异种人是可以杀的，或是可以食的，遂有种种残忍不道的危险。现在知识进步，已逐渐把这种偏见除去了许多了。知识上的进步，可以使人得着安全的生活，现在一切穿的、吃的、用的，都好于从前，一切都比从前危险少而利益多。某事怎么去做才便利，怎么去想法子才安全，这都是从知识上计较打算来的。知识的进步，正无限量，将来还不知道有怎样安全快乐便利的生活可得哩！可是人类于知识以外，还有情的要求。世间尽有许多人们，物质的生活虽已安全舒服，心里还觉得有许多不满意的。一个人虽不能全没有计较打算，但有的却情愿做和计较打算无关系的事，不如此，就觉得不快，这就是爱美的情。人有爱美的情，原是自然而然的。野蛮人拾了海边的贝壳，编串为各种的式样，挂在身上，或于食了动物以后，更在其骨上雕刻种种花样，视以为乐。乡间农人每逢新年，欢喜买几张花纸贴在壁上，有的或将香烟里的小画片粘贴起来。这在我们看去，或以为不好看，但在他们，却以为是很美的。又如有人听唱戏，学了歌，便喜欢仰天唱唱，或是弄弄什么乐器，这都是人类爱美的心情的流露。也可以说是人与动物不同的地方。其实动物中有许多已有爱美的表现，如鸟类已有美音和美羽。美的东西，虽饥不可以为食，寒不可以为衣，可是却省不来。人如终日在计较打算之中，那便无味。求美也和求知识一样，同是要事。古来伦理学者中有许多人将人生的目的，完全放在快乐二字上面，以为人生的目的，无非在快乐。这虽一偏之见，但快乐很是要事，物质的快乐，有时还不能使人满意，最要紧的就是情的满足。人如果只为生存，只计较打算利益，其实世间没有不可做的事。可是现在有一种人，自己所不愿的事，无论怎样有利于己，总不肯做；自己所愿做的事，无论如何于物质的生活上有害，还是要做，甚至于牺牲生命，也所不惜。这就是所谓高尚。高尚也是一种美。我们人类不愿做丑事，愿做美事，就是天性爱美的缘故。若只为生存，还有什么事不可做呢？人不能绝对的不顾自己，但也不能绝对的只求利己，有时还要离了浅薄的自利主义，为别人牺牲自己的一部分或是全体，才能自己满足。譬如陈春澜先生出资办学，就是牺牲行为之一，他并不知后来在校求学的是哪一个，于自己有何利益，却肯出资办学，这就是高尚的美行，我们应该学他的。那么我们怎样才会能牺牲自己呢？我们做人，最要紧的是于一日之中，有一种时候不把计较打算放在心里，久而久之，自然有时会发出美的行为来，不觉而能牺牲了。用了计较打算的态度去看一切，一切都无美可得。譬如田间的麦，有人以为粉可充饥，秆可编物、燃火，有人离了这种见解，只赏玩他的叫作"麦浪"的一种随风的波动。又如有人见了山上的植物，以为果可做食品，根可做什么药的，有人却只爱它花的色样或枝叶的风趣。又如有人在白马湖居住了，钓鱼来吃，斫柴来烧，有人却从远远的城市，花了许多钱跑来看看风景，除此外无所求。这两者看法不同，前者是计较打算的，后者是美的。人能日常除去计较打算，才会渐渐的美起来。

美有自然美、人造美两种，山水风景属于自然美，绘画音乐等属于人造美。人造美随处可作，不限地方，如绘画、音乐在城市也可赏鉴的。至于自然，却限于一定的地方才可领略。人在稠密的城市中，难得有自然美，所以住在城市的人，家家都喜欢挂山水画，他们四面找不出好风景，所以只好在画中看看罢了。诸君现在处在这样好的风景之中，真是难得的好机会，我很羡慕。诸位将来出去到社会上任事的时候，我想必定要回想到白马湖的风景，因为那时必无这样的好山好水给诸君领略了。在这几年中，务必好好地领略，才不辜负了这样的好地方。

以上是我对于诸君所羡慕的三桩事。如前所说，中学时代是终身中关系最重的一段，诸君既入了中学，身体、知识都要趁现在注意留心。这校的历史，足以使诸君发生至好的感想，宜格外自励，不可错过机会。此地有这样的好风景，是别处所不易得的，趁现在有机会要请诸君好好地领略。最要紧的就是现在了。

1923 年

文化运动不要忘了美育

现在文化运动，已经由欧美各国传到中国了。解放呵！创造呵！新思潮呵！新生活呵！在各种周报日报上，已经数见不鲜了。但文化不是简单，是复杂的；运动不是空谈，是要实行的。要透彻复杂的真相，应研究科学；要鼓励实行的兴会，应利用美术。科学的教育，在中国可算有萌芽了；美术的教育，除了小学校中机械性的音乐、图画以外，简截可说是没有。

不是用美术的教育提起一种超越利害的兴趣，融合一种划分人我的僻见，保持一种永久平和的心境；单单凭那个性的冲动，环境的刺激，投入文化运动的潮流，恐不免有下列三种的流弊：

（1）看得很明白，责备他人也很周密，但是到了自己实行的机会，给小小的利害绊住，不能不牺牲主义。

（2）借了很好的主义作护身符，放纵卑劣的欲望；到劣迹败露了，叫反对党把他的污点影射到神圣主义上，增了发展的阻力。

（3）想用简单的方法，短少的时间，达他的极端的主义，经了几次挫折，就觉得没有希望，发起厌世观，甚且自杀。这三种流弊，不是渐渐发见了么？一般自号觉醒的人，还能不注意么？

文化进步的国民，既然实施科学教育，尤要普及美术教育。专门练习的，既有美术学校、音乐学校、美术工艺学校、优伶学校等，大学校又设有文学、美学、美术史、乐理等讲座与研究所。普及社会的有公开的美术馆或博物院，中间陈列品或由私人捐赠，或用公款购置，都是非常珍贵的。有临时的展览会，有音乐会，有国立或公立的剧院，或演歌舞剧，或演科白剧，都是由著名的文学家、音乐家编制的。演剧的人多是受过专门教育、有理想、有责任心的。市中大道，不但分行植树，并且间以花畦，逐次移植应时的花。几条大道的交叉点，必设广场，有大树，有喷泉，有花坛，有雕刻品。小的市镇总有一个公园。大都会的公园，不止一处。又保存自然的林木，加以点缀，作为最自由的公园。一切公私的建筑，陈列器具，书肆与画肆的印刷品，各方面的广告，都是从美术家的意匠构成。所以不论哪一种人，都时时刻刻有接触美术的机会。我们现在，除文字界稍微有点新机外，别的还有什么？书画是我们的国粹，都是模仿古人的。古人的书画，是有钱的收藏了，作为奢侈品，不是给人人共见的。建筑雕刻，没有人研究。在嚣杂的剧院中，演那简单的音乐，卑鄙的戏曲。在市街上散步，只见飞扬的尘土，横冲直撞的车马，商铺门上贴着无聊的春联，地摊上出售那恶俗的花纸。在这种环境中讨生活，怎么能引起活泼高尚的感情呢？所以我很望致力文化运动诸君，不要忘了美育。

1919 年 12 月 1 日

美育实施的方法

我国初办新式教育的时候，止提出体育、智育、德育三条件，称为三育。十年来，渐渐的提到美育，现在教育界已经公认了。李石岑先生要求我说说"美育实施的方法"，我把我个人的意见写在下面。

照现在教育状况，可分为三个范围：

（1）家庭教育；

（2）学校教育；

（3）社会教育。

我们所说的美育，当然也有这三方面。

我们要作彻底的教育，就要着眼最早的一步。虽不能溢出范围，推到优生学；但至少也要从胎教起点。我从不信家庭有完美教育的可能性，照我的理想，要从公立的胎教院与育婴院着手。

公立胎教院是给孕妇住的，要设在风景佳胜的地方，不为都市中混浊的空气、纷扰的习惯所沾染。建筑的形式要匀称，要玲珑，用本地旧派，略参希腊或文艺中兴时代的气味。凡埃及的高压式，峨特的偏激派，都要避去。四面都是庭园，有广场，可以散步，可以作轻便的运动，可以赏月观星。园中杂莳花木，使四时均有雅丽之花叶，可以悦目。选毛羽秀丽、鸣声谐雅的动物，散布花木中间；须避去用索系猴、用笼装鸟的习惯。引水成泉，勿作激流。汇水成池，蓄美观活泼的鱼。室内糊壁的纸、铺地的毡，都要选恬静的颜色、疏秀的花纹。应用与陈列的器具，要轻便雅致，不取笨重或过于琐巧的。一室中要自成系统，不可混乱。陈列雕刻、图画，都取优美一派；应有健全体格的裸体像与裸体画。凡有粗犷、猥亵、悲惨、怪诞等品，即使描写个性，大有价值，这里都不好加入。过度激刺的色彩，也要避去。备阅览的文字，要乐观的，和平的；凡是描写社会黑暗方面，个人神经异常的，要避去。每日可有音乐，选取的标准，与图画一样，激刺太甚的，卑靡的，都不取。总之，各种要孕妇完全在平和活泼的空气里面，才没有不好的影响传到胎儿。这是胎儿的美育。

孕妇产儿以后，就迁到公共育婴院。第一年是母亲自己抚养的；第二、三年，如母亲要去担任她的专业，就可把婴儿交给保姆。育婴院的建筑，与胎教院大略相同，或可联合一处。其中陈列的雕刻图画，可多选裸体的康健儿童，备种种动静的姿势；隔几日，可更换一套。音乐，选简单静细的。院内成人的言语与动作，都要有适当的音调态度，可以作儿童的模范。就是衣饰，也要有一种优美的表示。

在这些公立机关未成立以前，若能在家庭里面，按照上列的条件小心布置，也可承认为家庭美育。儿童满了三岁，要进幼稚园了。幼稚园是家庭教育与学校教育的过渡机关，那时候儿童的美感，不但被动地领受，并且自动地表示了。舞蹈、唱歌、手工，都是美育的专课。就是教他计算、说话，也要从排列上、音调上迎合他们的美感，不可用枯燥的算法与语法。

儿童满了六岁，就进小学校，此后十一二年，都是普通教育时期，专属美育的课程，是音乐、图画、运动、文学等。到中学时代，他们自主力渐强，表现个性的冲动渐渐发展，选取的文字、美术，可以复杂一点。悲壮、滑稽的著作，都可应用了。

但是美育的范围，并不限于这几个科目，凡是学校所有的课程，都没有与美育无关的。例如数学，仿佛是枯燥不过的了；但是美术上的比例、节奏，全是数的关系，截金术是最显的例。数学的游戏，可以引起滑稽的美感。几何的形式，是图案术所应用的。理化学似乎机械性了；但是声学与音乐，光学与色彩，密切得很。雄强的美，全是力的表示。美学中有"感情移入"论，把美术品形式都用力来说明他。文学、音乐、图画，都有冷热的异感，可以从热学上引起联想。磁电的吸拒，就是人的爱憎。有许多美术工艺，是用电力制成的。化学实验，常见美丽的光焰；元子、电子的排列法，可以助图案的变化。图画所用的颜料，有许多是化学品。星月的光辉，在天文学上不过映照距离的关系，在文学、图画上便有绝大的魔力。矿物的结晶、闪光与显色，在科学上不过自然的结果；在装饰品便作重要的材料。植物的花叶，在科学上不过生殖与呼吸机关，或供分类的便利；动物的毛羽与声音，在科学上作为保护生命的作用，或雌雄淘汰的结果；在美术、文学上都为美观的材料。地理学上云霞风雪的变态，山岳河海的名胜，文学家美学家的遗迹；历史上文学美术的进化，文学家美术家的轶事；也都是美育的资料。

由普通教育转到专门教育，从此关乎美育的学科，都成为单纯的进行了。爱音乐的进音乐学校，爱建筑、雕刻、图画的进美术学校，爱演剧的进戏剧学校，爱文学的进大学文科，爱别种科学的人就进了别的专科了。但是每一个学校的建筑式、陈列品，都要合乎美育的条件。可以时时举行辩论会、音乐会、成绩展览会、各种纪念会等，都可以利用他来行普及的美育。

学生不是常在学校的，又有许多已离学校的人，不能不给他们一种美育的机会；所以又要有社会的美育。

社会美育，从专设的机关起：

（1）美术馆，搜罗各种美术品，分类陈列。于一类中，又可依时代为次。以原本为主，但别处所藏的图画，最著名的，也用名手的摹本。别处所藏的雕刻，也可用摹造品。须有精印的目录，插入最重要品的摄影。每日定时开馆。能不收入门券费最善，必不得已，每星期日或节日必须免费。

（2）美术展览会，须有一定的建筑，每年举行几次，如春季展览、秋季展览等。专征集现代美术家作品，或限于本国，或兼征他国的。所征不胜陈列，组织审查委员选定。陈列品可开明价值，在会中出售。余时亦可开特别展览会，或专陈一家作品，或专陈一派作品。也有借他国美术馆或私人所藏展览的。

（3）音乐会，可设一定的会场，定期演奏。在夏季也可在公园、广场中演奏。

（4）剧院，可将歌舞剧、科白剧分设两院，亦可于一院中更番演剧。剧本必须出自文学家手笔，演员必须受过专门教育。剧院营业，如不敷开支，应用公款补助。

（5）影戏馆，演片须经审查，凡无聊的滑稽剧，凶险的侦探案，卑猥的恋爱剧都去掉。单演风景片与文学家作品。

（6）历史博物馆，所收藏大半是美术品，可以看出美术进化的痕迹。

（7）古物学陈列所，所收藏的大半是古代的美术品，可以考见美术的起源。

（8）人类学博物馆，所收藏的不全是美术品，或者有很丑恶的，但可以比较各民族的美术，或是性质不同，或是程度不同。无论如何幼稚的民族，总有几种惊人的美术品。又往往不相交通的民族，有同性质的作品。很可以促进美术的进步。

（9）博物学陈列所与植物园、动物园，这固然不专为美育而设，但矿物的标本与动植物的化石，或色彩绚烂，或结构精致，或形状奇伟，很可以引起美感。若种种生活的动植物，值得赏鉴，更不待言了。

在这种特别设备以外，又要有一种普遍的设备，就是地方的美化。若止有特别的设备，平常接触耳目的，还是些卑丑的形状，美育就不完全；所以不可不谋地方的美化。

地方的美化：第一是道路。欧洲都市最广的道路，两旁为人行道，其次公车来往道，又间以种树，艺花，及游人列坐的地方二三列，这自然不能常有的。但每条道路，都要宽平。一地方内各条道路，要有一点匀称的分配。道路交叉的点，必须留一空场，置喷泉、花畦、雕刻品等。

第二是建筑。三间东倒西歪屋，固然起脆薄、贫乏的感想；三四层匣子重叠式的洋房，也可起板滞、粗俗的感想。若把这两者并合在一处，真异常难受了。欧美海滨或山坳的别墅团体，大半是一层楼，适合小家庭居住，二层的已经很少，再高是没有的。四面都是花园，疏疏落落，分开看各有各的意匠，合起来看，合成一个系统。现在各国都有"花园城"的运动，他们的建筑也大概如此。我们的城市改革很难，组织新村的人，不可不注意呵！

第三是公园。公园有两种：一种是有围墙，有门，如北京中央公园，上海黄浦滩外国公园的样子。里面人工的设备多一点，进去有一点制限。还有一种，是并无严格的范围，以自然美为主，最要的是一大片林木，中开无数通路可以散步。有几大片草地可以运动。有一道河流，或汇成小湖，可以行小舟。建筑品不很多，游人可自由出入。在巴黎、柏林等，地价非常昂贵，但是这一类大公园，都有好几所永远留着。

第四是名胜的布置。瑞士有世界花园的称号，固然是风景很好，也是他们的保护点缀很适宜，交通很便利，所以能吸引游人。美国有好几所国家公园，地面很大，完全由国家保护，不能由私人随意占领，所以能保留他的优点，不受损坏。我们国内，名胜很多，但如黄山等，交通不便，颇难游赏。交通较便的如西湖等，又漫无限制，听无知的人造了许多拙劣的洋房，把自然美缀了许多污点，真是可惜。

第五是古迹的保存。新近的建筑，破坏了很不美观。若是破坏的古迹，转可以引起许多历史上的联想，于不完全中认出美的分子来。所以保存古迹，以不改动他为原则。但有些非加修理不可的，也要不显痕迹，且按着原状的派式。并且留得原状的摄影，记述修理情形同时日，备后人鉴别。

第六是公坟。我们中国人的做坟，可算是混乱极了。贫的是随地权厝，或随地做一个土堆子。富的是为了一个死人，占许多土地。石工墓木，也是千篇一律，一点没有美意。照理智方面观察，人既死了，应交医生解剖，若是于后来生理上病理上可备参考的，不妨保存起来。否则血肉可作肥料，骨骼可供雕刻品，也算得是废物利用了。但是人类行为，还有感情方面的吸力，生人对于死人，决不肯把他哀感所托的尸体，简单地处置了。若是照我们南方各省，满山是坟，不但太不经济，也是破坏自然美的一端。现在不如先仿西洋的办法，他们的公坟有两种：一是土葬的，如上海三马路，北京崇文门，都有西洋的公坟。他是划一块地，用墙围着，布置一点林木。要葬的可以指区购定。墓旁有花草，墓上的石碑有花纹，有铭词，各具意匠，也可窥见一时美术的风尚。还有一种是火葬，他们用很庄严的建筑，安置电力焚尸炉。既焚以后，把骨灰聚起来，装在古雅的瓶里，安置在精美石坊的方孔中。所占的地位，比土葬减少，坟园的布置，也很华美。这些办法都比我们的随地乱葬好，我们不妨先采用。

我说美育，一直从未生以前，说到既死以后，可以休了。中间有错误的、脱漏的，我再修补，尤希望读的人替我纠正。

1922 年 6 月

美　育

美育者，应用美学之理论于教育，以陶养感情为目的者也。人生不外乎意志，人与人互相关系，莫大乎行为，故教育之目的，在使人人有适当之行为，即以德育为中心是也。顾欲求行为之适当，必有两方面之准备：一方面，计较利害，考察因果，以冷静之头脑判定之；凡保身卫国之德，属于此类，赖智育之助者也。又一方面，不顾祸福，不计生死，以热烈之感情奔赴之。凡与人同乐、舍己为群之德，属于此类，赖美育之助者也。所以美育者，与智育相辅而行，以图德育之完成者也。

吾国古代教育，用礼、乐、射、御、书、数之六艺。乐为纯粹美育；书以记述，亦尚美观；射御在技术之熟练，而亦态度之娴雅；礼之本义在守规则，而其作用又在远鄙俗；盖自数以外，无不含有美育成分者。其后若汉魏之文苑、晋之清谈、南北朝以后之书画与雕刻、唐之诗、五代以后之词、元以后之小说与剧本，以及历代著名之建筑与各种美术工艺品，殆无不于非正式教育中行其美育之作用。

其在西洋，如希腊雅典之教育，以音乐与体操并重，而兼重文艺。音乐、文艺，纯粹美育。体操者，一方以健康为目的，一方实以使身体为美的形式之发展；希腊雕像，所以成空前绝后之美，即由于此。所以雅典之教育，虽谓不出乎美育之范围，可也。罗马人虽以从军为政见长，而亦输入希腊之美术与文学，助其普及。中古时代，基督教徒，虽务以清静矫俗；而峨特式之建筑，与其他音乐、雕塑、绘画之利用，未始不迎合美感。自文艺复兴以后，文艺、美术盛行。及十八世纪，经包姆加敦（Baumgarten，1717—1762）与康德（Kant，1724—1804）之研究，而美学成立。经席勒尔（Schiller，1759—1805）详论美育之作用，而美育之标识，始彰明较著矣。（席勒尔所著，多诗歌及剧本；而其关于美学之著作，惟 Brisfe über die ästhetisehe Erziehung，吾国"美育"之术语，即由德文之 ästhetische erziehung 译出者也。）自是以后，欧洲之美育，为有意识之发展，可以资吾人之借鉴者甚多。

爰参酌彼我情形而述美育之设备如下：美育之设备，可分为学校、家庭、社会三方面。

学校自幼稚园以至大学校，皆是。幼稚园之课程，若编纸、若粘土、若唱歌、若舞蹈、若一切所观察之标本，有一定之形式与色泽者，全为美的对象。进而至小学校，课程中如游戏、音乐、图画、手工等，固为直接的美育；而其他语言与自然、历史之课程，亦多足以引起美感。进而及中学校，智育之课程益扩加；而美育之范围，亦随以俱广。例如，数学中数与数常有巧合之关系。几何学上各种形式，为图案之基础。物理、化学上能力之转移，光色之变化；地质学的矿物学上结晶之匀净，闪光之变幻；植物学上活色生香之花叶；动物学上逐渐进化之形体，极端改饰之毛羽，各别擅长之鸣声；天文学上诸星之轨道与光度；地文学上云霞之色彩与变动；地理学上各方之名胜；历史学上各时代伟大与都雅之人物与事迹；以及其他社会科学上各种大同小异之结构,与左右逢源之理论;无不于智育作用中,含有美育之原素,一经教师之提醒,则学者自感有无穷之兴趣。其他若文学、音乐等之本属于美育者,无待言矣。进而至大学,则美术、音乐、戏剧等皆有专校,而文学亦有专科。即非此类专科、专校之学生,亦常有公开之讲演或演奏等,可以参加。而同学中亦多有关于此等美育之集会,其发展之度,自然较中学为高矣。且各级学校,于课程外,尚当有种种关于美育之设备。例如,学校所在之环境有山水可赏者,校之周围,设清旷之园林。而校舍之建筑,器具之形式,造像摄影之点缀,学生成绩品之陈列,不但此等物品之本身,美的程度不同;而陈列之位置与组织之系统,亦大有关系也。

其次家庭:居室不求高大,以上有一二层楼,而下有地窟者为适宜。必不可少者,环室之园,一部分杂莳花木,而一部分可容小规模之运动,如秋千、网球之类。其他若卧室之床几,膳厅之桌椅与食具,工作室之书案与架柜,会客室之陈列品,不问华贵或质素,总须与建筑之流派及各物品之本式,相互关系上,无格格不相入之状。其最必要而为人人所能行者,清洁与整齐。其他若鄙陋之辞句,如恶谑与谩骂之类;粗暴与猥亵之举动,无老幼、无男女、无主仆,皆当屏绝。

其次社会:社会之改良,以市乡为立足点。凡建设市乡,以上水管、下水管为第一义;若居室无自由启闭之水管,而道路上见有秽水之流演,粪桶与粪船之经过,则一切美观之设备,皆为所破坏。次为街道之布置,宜按全市或全乡地面而规定大街若干、小街若干,街与街之交叉点,皆有广场。场中设花坞,随时移置时花;设喷泉,于空气干燥时放射之;如北方各省尘土飞扬之所，尤为必要。陈列美术品，如名人造像，或神话、故事之雕刻等。街之宽度，预为规定，分步行、车行各道，而旁悉植树。两旁建筑，私人有力自营者，必送其图于行政处，审为无碍于观瞻而后认可之；其无力自营而需要住所者，由行政处建设公共之寄宿舍，或为一家者，或为一人者，以至廉之价赁出之。于小学校及幼稚园外，尚有寄儿所，以备孤儿或父母同时作工之子女可以寄托，不使抢攘于街头。对于商店之陈列货物，悬挂招牌，张贴告白，皆有限制，不使破坏大体之美观，或引起恶劣之心境。载客运货之车，能全用机力，最善。必不得已而利用畜力，或人力，则牛马必用强壮者，装载之量与运行之时，必与其力相称。人力间用以运轻便之物，或负担，或曳车、推车。若为人舁轿挽车，惟对于病人或妇女，为徜徉游览之助者，或可许之。无论何人，对于老牛、羸马之竭力以曳重载，或人力车夫之袒背浴汗而疾奔，不能不起一种不快之感也。设习艺所，以收录贫苦与残疾之人，使得于能力所及之范围，稍有所贡献，以偿其所享受，而不许有沿途乞食者。设公墓，可分为土葬、火葬两种，由死者遗命或其子孙之意而选定之。墓地上分区、植树、莳花、立碑之属，皆有规则。不许于公墓以外，买地造坟。分设公园若干于距离适当之所，有池沼亭榭、花木鱼鸟，以供人工作以后之休憩。设植物园，以观赏四时植物之代谢。设动物园，以观赏各地动物特殊之形状与生活。设自然历史标本陈列所，以观赏自然界种种悦目之物品。设美术院，以久经鉴定之美术品，如绘画、造像及各种美术工艺，刺绣，雕镂之品，陈列于其中，而有一定之开放时间，以便人观览。设历史博物院，以使人知一民族之美术，随时代而不同。设民族学博物院，以使人知同时代中，各民族之美术，各有其特色。设美术展览会，或以新出之美术品，供人批评；或以私人之所收藏，暂供众览；或由他处陈列所中，抽借一部，使观赏者常有新印象，不为美术院所限也。设音乐院，定期演奏高尚之音乐，并于公园中为临时之演奏。设出版物检查所，凡流行之诗歌、小说、剧本、画谱，以至市肆之挂屏、新年之花纸，尤其儿童所读阅之童话与画本等，凡粗犷、猥亵者禁止之，而择其高尚优美者助为推行。设公立剧院及影戏院，专演文学家所著名剧及有关学术，能引起高等情感之影片，以廉价之入场券引人入览。其他私人营业之剧院及影戏院，所演之剧与所照之片，必经公立检查所之鉴定，凡卑猥陋劣之作，与真正之美感相冲突者，禁之。婚丧仪式，凡陈陈相因之仪仗、繁琐无理之手续，皆废之；定一种简单而可以表示哀乐之公式。每年遇国庆日，或本市本乡之纪念日，则于正式祝典以外，并可有市民极端欢娱之表示；然亦有一种不能越过之制限；盖文明人无论何时，总不容有无意识之举动也。以上所举，似专为新立之市乡而言，其实不然。旧有之市乡，含有多数不合美育之分子者，可于旧市乡左近之空地，逐渐建设，以与之交换；或即于旧址上局部改革。

要之，美育之道，不达到市乡悉为美化，则虽学校、家庭尽力推行，而其所受环境之恶影响，终为阻力，故不可不以美化市乡为最重要之工作也。

1930 年

二十五年来中国之美育

美育的名词，是民国元年我从德文的 Ästhetische Erziehung 译出，为从前所未有。在古代说音乐的，说文学的，说书画的，都说他们有陶冶性情的作用，就是美育的意义；不过范围较小，教育家亦未曾作普及的计划；最近二十五年，受欧洲美术教育的影响，始着手于各方面的建设，虽成绩不甚昭著，而美育一名词，已与智育、德育、体育等，同为教育家所注意，这不能不算是二十五年的特色。今把具体的事项，分别叙述于后。

一　造形美术

（甲）美术学校

现在国立的美术学校有二，私立的各地多有，但在教育部有案可稽的很少，而一时亦未及征集概况，大抵是二十五年以内次第设立的，要以上海美术专门学校为最早。

（子）私立上海美术专门学校——民国元年十一月，武进刘海粟设上海图画美术院于上海乍浦路，发表宣言如左：

（1）我们要发展东方固有的美术；研究西方艺术的

精英。

（2）我们要在残酷无情、干枯、堕落的社会里，尽宣传艺术的责任，把固有的创造精神恢复。

对于创造美术学校的旨趣，可称扼要。是院于二年三月开课，仅设绘画科两班，学生十二人。是年七月，于正科外，设选科。三年，改绘画科为西洋画科。四年一月，增设艺术师范科。九年四月，更名上海美术学校，规定设中国画科、西洋画科、工艺图案科、雕塑科、高级师范科、初级师范科，凡六科，学生三百人。是年六月，设暑期学校，兼收女生。十年八月，奉教育部令，定名上海美术专门学校。十二年五月，建西洋画科新校舍于徐家汇路，十二月，改中国画科为中国画系。十三年，改造师范部校舍，改高等师范科为艺术教育系，同时开办雕塑系。十四年十月，建存天院为西洋画教室，并于第二层楼设存天阁，陈列古物名画，是时雕塑系无学生，停办。十九年开学时，有中国画系、西洋画系、艺术教育系、音乐系四系，学生五百人。

（五）国立北平大学艺术学院——民国七年，教育部始设北京美术学校于北京西城，设绘画、图案两科，以郑锦为校长。九年，设专门部之图画、手工师范科。十一年，改称北京美术专门学校，设国画、西画、图案三系，并图画手工师范系。十四年，刘哲、陈延龄相继长校。十五年二月，又改名国立艺术专门学校，增设音乐、戏剧两系，以林风眠为校长。十六年十月，风眠辞职。十七年，编入国立北平大学，名艺术学院，以徐悲鸿为院长，旋即辞职，以北平大学副校长李书华兼院长，恢复音乐、戏剧二系，增设建筑系，改图案系为实用美术系，合国画、西画两系，共成立六系，男、女学生三百五十名。十八年八月，教育部令改为北京艺术专科学校，因校中延未改组，部令自十九年度起，停止招生，逐渐结束；在结束期间，暂用旧名，隶属国立北平大学云。

（寅）国立杭州艺术专科学校——民国十七年三月，大学院设艺术院于杭州，得浙江省政府的许可，以西湖滨之罗苑为校舍，不足，附加以照胆台、三贤祠、苏、白二公祠等。以林风眠为院长，设中国画、西洋画、雕塑、图案四系，而外国语用法文。秋，合并中国画、西洋画为绘画系。其所用标语为：

介绍西洋艺术；

整理中国艺术；

调和中西艺术；

创造时代艺术。

甚合吾国现代艺术教育之旨趣。十八年十月，奉教育部令，改为美术专科学校。开学时，学生不过六十人，现已增至二百二十六人。开学时，校中设有研究班，为本校教员及已在美术学校毕业而更求深造者的共同研究的机关，近因与专科学校规程不合，殆将停办。又兹校自十八年度起，规定无论何系学生，第一年均习木炭画，即预备于绘画科中专习中国画者，亦从木炭画入手，为将来改进中国画之基础云。印有《亚波罗》月刊。

（卯）国立中央大学教育学院的艺术教育科及艺术专修科——艺术教育科分国画、西洋画、手工、音乐四组，均四年毕业。艺术专修科分图画、工艺、音乐三组，为培养中等学校师资而设，三年毕业。本科以李祖鸿为主任，以吕浚、徐悲鸿、唐学咏等为副教授。

（辰）中国画学研究会——此会为民国七八年间，周肇祥、陈衡恪、金绍城等所发起，九年成立，设在北京达子庙欧美同学会。会员三十余人，分人物、山水、花鸟、界画四门。其教授，以精研古法、博择新知为主旨。研究员，不分男女，以能画及经有正当职业之人介绍，以作品送会审查，认为可以造就者为合格；五年期满，成绩优良者，给证书，升充助教。十一年，迁会所于中央公园。现任会长周肇祥，北京画界前辈，多任评议员。有研究员二百余人。研究员升充助教者二十余人。其研究毕业而在各学校充教员、导师及组织美术团体者颇多。曾开成绩展览会七次。发行《艺苑》旬刊。

（巳）艺苑的绘画研究所——十七年十月十日，江小鹣、张辰伯、朱屺瞻、王济远等，设绘画研究所于上海林荫路之艺苑。他所发表的旨趣是："增进艺术旨趣，提高研究精神，发扬固有文化，培养专门人才。"科目先设西洋画，分油画、水彩画、素描三科，人数以三十人为限。（1）研究员十五人，容纳一般画家自由制作。（2）研究生十五人，对于绘画有深切之嗜好者，共同习作。

（乙）博物院

最近期间，各地方多有古物保存所之设立，使古代美术不致散失，且可备参观者的欣赏，但规模均小。其内容较为丰富的，是北平的古物陈列所与故宫博物院。

（子）古物陈列所——成立于民国初年，设于乾清门外之太和、中和、保和及文华、武英等殿，以奉天、热河两行宫之物品充之，书画占最多数，更番陈列，其他瓷、漆、金、玉之器，亦为外间所寡有的。

（丑）故宫博物院——成立于十四年十月，设于乾清门内各宫殿。分中、东、西三路：中路有乾清宫、交泰殿、坤宁宫，再后为御花园，亭台楼阁甚多。东路为景仁、承乾、钟粹、延禧、永和、景阳六宫，其南为毓庆宫及斋宫，红墙外有奉先殿，东北有玄穹宝殿及库房等。西路有永寿、翊坤、储秀、启祥、长春、咸福六宫，其南为养心殿。西六宫之北为重华宫，西为建福宫。建福宫南为抚辰殿、延庆殿。再南为雨花阁。雨花阁后为西花园。红墙外，东面为外东路，有宁寿宫，其西北角有山石园林之胜。西面为外西路，有寿安、寿康、慈宁等宫殿，再南有慈宁花园。故宫的建筑及园林，均有美术的价值，昔为清皇室所占有，自十四年后，次第开放，公诸民众。

至于宫中的物品，除书籍及档册外，美术品甚多：

（天）书画　书画之大多数，存于斋宫及钟粹宫两处，共八千余件，多为唐、宋、元、明真迹，其他散于各殿庭者亦不少。中如王羲之快雪时晴，怀素自叙，过庭书谱，吴道子画像，宋徽宗听琴图，郎世宁百骏图等，皆其特出之件。

（地）陶瓷　陶瓷当以景阳宫及景祺阁两处之收藏品为最精。中国古代名窑之瓷，应有尽有，数约六千余件。清瓷如所谓古月轩者，存于乾清宫东廊；库房及养心殿，亦有数百件。此外，各宫收藏及陈列之陶器，不下数十万件。新瓷及日用之官窑，尚未计及焉。

（玄）铜器　古铜器为散氏盘，新莽嘉量，均为世间不可多见之物。此外，商、周彝鼎，著名者数百件。余如汤若望、南怀仁等所制之仪器，多有存者。

（黄）玉器　玉器中，以宁寿宫乐寿堂中寿山福海及镂刻大禹治河图之白玉山，乾清宫之大玉缸及玉马为巨制。其他小件，或以润泽胜，或以镂刻见长，数亦以万计。

余如琥珀、玛瑙、珊瑚及各种宝石、象牙之匜洗壶尊，间有质薄如纸，外有镂空玲珑花鸟者，或有用整料镂分十数层者。此外，番经番佛，尤无量数。古砚、笔、墨、缂丝及景泰蓝屏幛等，亦多精品，且有宋、元之物。印有《故宫月刊》。

（丙）展览会

美术学校与研究所均为培养美术家而设，本没有直接普及民众之目的。较易普及的，是展览会。北京自美术学校设立后，时有团体与个人的展览会，上海亦然。其规模较大者有二：

（子）艺术大会——是会为北京艺术专门学校校长林风眠等所发起，除造形艺术外，并包有音乐、戏剧，于十六年五月十一日开幕，出品在三千件以上，并有音乐演奏及五五剧社、形艺社及青年俱乐部的演剧，有海灯、糊涂、西洋画会、形艺社、五五剧社、漫画社、四川艺术学社等特刊；而北京各日报，如《晨报》《世界日报》等，均特辟画报，可谓备宣传之盛。至六月三日，始闭幕。

（丑）全国美术展览会——十六年冬，大学院设艺术教育委员会，委以全国美术展览会之筹备。十七年十一月，因大学院已改组为教育部，兹会即隶属于教育部。教育部又别组委员会办理之，会场设上海普育堂，十八年四月十日开会，一个月而毕。所陈列的，第一部，书画，一千二百三十一件；第二部，金石，七十五件；第三部，西画，三百五十四件；第四部，雕塑，五十七件；第五部，建筑，三十四件；第六部，工艺美术，二百八十八件；第七部，美术摄影，二百七十七件。又有日本美术家出品八十件。每日并有收藏家分别借陈之书画。于开会时出《美展》三日刊，会毕后，有正书局印有《美展》特刊，分古、今两册。此次展览，每一人之作品，在每部中，以五件为限，故陈列品之数止于此。而其中以国粹的书画占过半数。又以我国尚未有美术馆以陈列古代作品，故乘此机会而为一部分的展览，正是过渡时代的现象。

此次展览会中，虽有建筑一部，所陈列的，并非都是创作，其中创作的几种图样，大抵纯粹的欧美式。十余年前，有美国建筑家颇以欧美式建筑，与吾国普通建筑的环境不相调和，引为遗憾，乃创一种内部用欧式，而外形仍用华式的新式，初试用于南京的金陵大学与金陵女子大学，继又试用于北平的协和医院及燕京大学。最近，则首都铁道部新建筑，亦采用此式。以金陵女子大学为最美观。

（丁）摄影术

摄影术本为科学上致用的工具，而取景传神，参以美术家意匠者，乃与图画相等。欧洲此风渐盛，我国亦有可记者：

（子）光社——设于北平，十二年，陈万里、黄振玉等所发起，初名艺术写真研究会。十三年，改名光社，吴郁周、钱景华、刘半农等均为重要分子，每年在中央公园董事会开展览会，观众在万人以上。十六年出年鉴第一集，十七年出年鉴第二集。

（丑）华社——设于上海，成立于十六年，曾开展览会数次，印刷品有社员《郎静山摄影集》。

（寅）摄影杂志——上海天鹏艺术会印有《天鹏摄影杂志》。

（戊）美术品印本

（子）书画摹印——摹印古代书画，始于邓实的神州国光社，文明书局及有正书局继之，其后，商务印书馆与中华书局都有这种印本，并于碑帖画册以外，兼及屏联堂幅，于是向来有力者收藏之品，得以普及于民众。其专印新式图画及雕刻的，有李金发所编的《美育》杂志，已出至第三期。

（丑）图画期刊——以图画为主，文字为副，定期刊行的，始于良友图书公司之《良友》，自十五年起，现已出至四十余册。继之而起的，有《文华》与《时代画报》等。又日报中，有《时报》者，每日均有《图画时报》。

二　音乐

（甲）音乐学校

民国十六年十月，大学院始设国立音乐院，以蔡元培为院长，萧友梅为教务长。十八年七月，教育部修改大学组织法，改组音乐院为音乐专科学校，以萧友梅为校长。校中设预科、本科，并附设师范科。本科分理论作曲、钢琴、提琴及声乐四组，初学各生入学后，第一年内不分组。又有选科，专为对于音乐曾有研究、欲继续专攻一门者而设。

（乙）传习所

当音乐院未成立以前，民国八年，北京大学学生设有音乐研究会，由大学延请导师，指导各项乐器的练习。十一年秋，改办音乐传习所，先设师范科。十五年夏，第一班学生毕业者十二人。十六年，刘哲长教育部，传习所停办。

九年，北京女子高等师范学校设音乐科，以萧友梅为主任。十三年，第一班学生毕业。是校改名女子师范大学，复招第二班音乐科学生，十八年毕业。

（丙）国乐训练

北平国乐改进社，为刘天华等所设立。

上海大同乐会，成立于民国八年，为郑觐文所创设，自制古乐器，已有八十种，考定而待制者，尚有六十余种。取古代著名乐曲，如《霓裳》《六幺》等，详细探讨，实施演奏。又改编《饶歌》《大予》等乐曲，为国民大乐十二章，已熟练者五章：一曰《大中华》，二曰《神州气象》，三曰《一统山河》，四曰《锦绣乾坤》，五曰《风云际会》。其所养成之会员百余人，以习古琴、琵琶者为最多云。

（丁）演奏会

十二年，萧友梅召集前海关管弦乐队之一部，加以训练，在北京大学及其他各校先后演奏管弦乐，凡四十次，颇受北京人之欢迎。

上海自音乐院成立以来，曾举行教员演奏大会二次，学生演奏会七次。本年，又由一部分教员组织细乐演奏会，每月举行一次。

（戊）音乐杂志

九年一月，北京大学之音乐研究会编印《音乐杂志》，十一年停办。十七年一月，国乐改进社又编印《音乐杂志》。十九年，音乐专科学校编印《乐艺》季刊。

三　文学

（甲）新文学概况

文学革命的风潮，托始于《新青年》。在二十五年前，曾有一时期，各省均办白话报，以林獬（后改名林万里）、陈敬第等所主持之杭州《白话报》为最著，然当时不过以白话为通俗教育的工具，并不认为文学。自《新青年》时代，胡适、陈独秀、钱玄同、周作人等，始排斥文言的文学，而以白话文为正宗的文学，其中尤以胡适为最猛进，作《白话文学史》，以证明白话的声价，于是白话散文，遂取向日所谓古文者而代之。至于白话诗与剧本，虽亦有创作与翻译的尝试，但未到成熟时期，于社会尚无何等显著的影响。最热闹的是小说。第一，是旧小说的表彰：如《水浒》《红楼梦》《儒林外史》等，都有人加以新式评点，或考定版本源流。唐以后的短篇，宋以后的平话，或汇成丛刻，或重印孤本，都有销行的价值。第二，是外国小说的翻译：林纾与魏易等合译小说，是二十五年以前的事，不过取其新奇可喜而已。最近几年，译本的数量激增，其中有关系之作，自然不少，如《少年维特之烦恼》《工人绥惠略夫》等，影响于青年之心理颇大。第三，是文学家的创作：此时期中，以创作自命者颇多。举其最著者，鲁迅（周树人）的《呐喊》《彷徨》等集，以抨击旧社会劣点为的，而文笔的尖刻，足以副之，故最受欢迎。而茅盾（沈雁冰）的《动摇》《追求》《幻灭》，亦颇轰动一时。新进作家最有希望的沈从文，著有《蜜柑集》等，也是被人传诵的。

（乙）文学的期刊

最近十年，发行的文学期刊甚多，有目的不在文学而专为一种主义之宣传的，往往不久即停。今举纯粹文学的、而且印行较久的如左：

（子）《小说月报》——为文学研究会郑振铎、沈雁冰、叶绍钧等所主编，郑振铎曾编有《世界文学大纲》，材料丰富，编制谨严，可为空前之作，决非投机哗众者所能为。所以《小说月报》的文学，宁受平庸之诮，不致有偏宕之失。

（丑）《语丝》——为周树人、作人兄弟等所主编。一方面，小品文以清俊胜；一方面，讽刺文以犀利胜。

（寅）《真美善》——为曾孟朴、虚白父子所主编。陆续发表影射清季时事的《孽海花》长篇小说并其他创作，尤致力于介绍法国文学。创刊号有《编者的一点小意见》一篇，中有几节说："在文学上什么叫作真？就是文学的体质，就是文学里一个作品所以形成的事实或情绪。作者把自己选采的事实或情绪，不问是现实的，是想象的，描写得来恰如分际，不模仿，不矫饰，不扩大，如实地写出来，叫读者同化在她想象的境界里，忘了是文学的表现，这就是真。什么叫作美？就是文学的组织，……就是一个作品里全体的布局，和章法、句法、字法。作者把这些通盘筹计了，拿技巧的方法，来排列配合得整齐紧凑，……自然地显现出精神兴趣、色彩和印感，能激动读者的心，怡悦读者的目，就丢了书本，影相上还留着醺醺余味，这就是美。什么叫作善？就是文学的目的，……就是一个作品的原动力，就是作品的主旨，也就是她的作用。凡作品的产生，没有无因而至的，没有无病而呻的，或为宣传学说，或为解决问题，或为发抒情感，或为纠正谬误，形形色色，万有不同，但综合诸说，总希望作品发生作用，不论政治上，社会上，道德上，学问上，发生变动的影响，这才算达到文学作品最高的目的；……不超越求真理的界线，这就是善。"对于文学上真、美、善三方面的观察，甚为正确。此杂志现已出至第五卷，对于自己所悬的标准，能久而不渝，是很难得的。

（卯）《新月》——为徐志摩、梁实秋、叶公超、潘光旦、闻一多、饶孟侃等所编。第一期发表了一篇《新月的态度》，有一节说："我们不妨把思想（广义的，现代刊物的内容的一个简称）比作一个市场，我们来看看现代我们这市场上看得见的，是些什么？……把他们列举起来：（1）感伤派；（2）颓废派；（3）惟美派；（4）功利派；（5）训世派；（6）攻击派；（7）偏激派；（8）纤巧派；（9）淫秽派；（10）狂热派；（11）稗贩派；（12）标语派；（13）主义派。商业上有自由，不错，思想上、言论上更应得有充分的自由，不错；但得在相当的条件下，最主要的两个条件，是：（1）不妨害健康的原则，（2）不折辱尊严的原则。"又说："生命是一切理想的根源，他那无限而有规则的创造性，给我们在心灵的活动上一个强大的灵感。他不仅暗示我们，逼迫我们，永远望创造的生命的方向走，他并且启示给我们的想象，物体的死，只是生的一个节目，不是结束，他的威吓，只是一个谎骗。我们最高的努力的目标，是与生命本体同绵延的，是超越死线的，是与天外的群星相感召的。为此，虽则生命的势力有时不免比较的消歇，到了相当的时候，人们不能不醒起。我们不能不醒起，不能不奋争，尤其在人生的尊严与健康横受陵辱与侵袭的时日！"《新月》的发行逾一年了，他确有思想上、言论上的自由，而且确能守着不妨害健康、不折辱尊严的两个条件，这是可以公认的。

四　演剧

演剧的改良，发起于留日学生陆镜若、吴我尊、李道衡、李叔同等的春柳社，以提倡白话剧为主，译日本剧《不如归》，自编《社会钟》《家庭恩怨记》等剧。民国二年，始在上海贸得利戏院公演。四年，陆镜若病故，社遂解散。社员欧阳予倩本兼习旧剧，因从改良旧剧上着手。民国八年，应张謇之招，在南通设伶工学社，招小学毕业的学生，分戏剧、音乐两班教授，历六年，曾在新式剧场演过。予倩近又往广东，办理戏剧研究所。

十余年前，北京梅兰芳、齐如山等病京腔词句村俗，乃新编《天女散花》《嫦娥奔月》诸剧。如山作曲，兰芳演剧，一时颇博得好评。近更由刘天华为作梅兰芳歌曲谱，以五线谱与管色字谱并列。这也是一种改良旧剧的工作。

春柳社解散以后,白话剧仍有人续演,称为文明戏,多浅薄。较为深造的,北京有陈大悲,上海有洪深、田汉,山东有赵太侔,均曾在外国研究戏剧。汉组织南国剧社,成绩显著。太侔组织实验剧院,亦已成立。

五　影戏

影戏本为教育上最简便的工具,但中国自编的影戏,为数寥寥,且多为迎合浅人的心理而作。输入的西洋影片,亦多偏于刺激的。他们的好影响,远不及恶影响的多。

六　留声机与无线电播音机

留声机传唱本国与外国的歌唱,流行甚广。无线电播音机,可以不出门而选听远地的乐歌,亦渐渐流行。

七　公园

美育的基础,立在学校;而美育的推行,归宿于都市的美化。我国有力者向来致力于大门以内的修饰,庭园花石,虽或穷极奢侈,而门以外,无论如何秽恶,均所不顾。首都大市,虽有建设的计画,一时均未能实现;未有计画的,更无从说起。我们所认为都市美化的一部分,只有公园了。各地方的公园,不能列举,现举旧都及新都较为著名的公园以见例。

（甲）属于旧都北平的

（子）中山公园——旧为社稷坛，在端门右侧。民国三年十月十日始开放，以三日为期。嗣经市民请求，四年一月，内务部公布公园开放章程，由市民集资经营，即由捐资的市民组织董事会管理之，增建房屋八百九十余间，增植花木万二千余株，定名中央公园。十七年，北平特别市政府核定新章，改名中山公园，受市政府管辖，由市政府特派委员二人，本园董事内公推委员三十人，改组委员会，管理园务云。

（丑）北海公园——民国五年以后，市民屡请开放北海，不果。十七年八月，始实行开放。十一月，由捐资市民九十余人组织北海公园董事会。九月，受北平特别市政府管辖，由市政府特派委员二人，及全体董事中公推委员三十人，改组委员会管理之。修治山路，增建房屋，添植花木，设公共体育场及儿童体育场各一所，置游船、游车、冰床等，并招商承办中西餐、茶点、糖果、球房、照相、古玩、书画各项营业，游人便之。

（乙）属于首都的

（子）第一公园——园在复成桥东，旧为秀山公园，用以纪念李纯。兴工于民国九年，落成于十二年。十六年九月，民众团体改名为血花公园，以纪念是年龙潭、栖霞间之战死者。十月，奉国民政府指令，定名为第一公园，由南京特别市政府教育局派员管理。其后由公园管理处接受。园中以烈士祠为中心，有花石山、金鱼池、玩月亭、歌舞亭、紫金园、月牙池、紫薇亭诸胜。

（丑）莫愁湖公园——园在水西门外，本为市民夏日赏荷之所。十七年，始辟为公园。有胜旗楼、郁金堂诸胜。

（寅）五洲公园——园以后湖及湖上各洲组织之，成立于十七年。改旧日的菱洲为澳洲，芷洲为非洲，长洲为亚洲，新洲为欧洲，老洲为美洲。开通道路，点缀风景，有景行楼、赏荷厅、湖心亭、铜钩井、梅岭诸胜。

右列诸端，对于美育的设施，殆可谓应有尽有。然较之欧洲各国，论量论质，都觉得我们实在太幼稚了。急起直追，是所望于同志。

1931 年 5 月

三十五年来中国之新文化

中国是有旧文化的，四千年以前的文化，为经传所称道的，是否确实，在今日尚是问题。三千年以前的殷虚，已发现铜器时代的文化。二千年前，周代文物灿然，是否受异族文化影响？亦尚在研究中。然两汉文化，固已融和南北，整理百家，自成一系。从汉季到隋、唐，与印度文化接触，翻译宣传，与固有文化，几成对待，但老庄一派，恰相迎合；自宋以后禅学、理学，又同化佛学而成为中国特殊的产物。元、明以来，输入欧风，自天算以外，影响无多；直至近三十五年，始沦浃于各方面，今姑分三节，记叙概略。

一 生活的改良得用食衣住行等事来证明

（一）食

吾国食品的丰富，烹饪的优越，孙中山先生在学说中，曾推为世界各国所不及；然吾国人在食物上有不注意的几点：一、有力者专务适口，无力者专务省钱。对于蛋白质、糖质、脂肪质的分配，与维太命的需要，均未加以考量。二、白舍筵席而用桌椅，去刀而用箸后，共食时匙、箸杂下，有传染疾病的危险。近年欧化输入，西餐之风大盛，悟到中国食品实胜西人，惟食法尚未尽善；于是有以西餐方式食中馔的，有仍中餐旧式而特置公共匙、箸，随意分取的；既可防止传染，而各种成分，也容易分配。又旧时印度输入之持斋法，牛乳、鸡卵，亦在禁例，自西洋蔬食流行以后，也渐渐改良。

（二）衣

中国古代衣冠，过于宽博，足以表示威仪，而不适于运动。满洲服式，便于骑射，已较古服为简便，但那时礼服，夏季有实地纱、麻纱、葛纱的递换，冬季有珍珠毛，银鼠、灰鼠、大毛貂褂等递换，至为繁缛。民国元年，改用国际通用礼服，又为维持国货起见，留长袍、马褂制，为乙种礼服，沿用至今。清代无檐的帽，不适于障蔽日光，故现多采用西式，然妇女戴帽的尚少。男子剪辫，女子剪发，不但可以省却打辫梳头的时间，而且女子也免掉许多的首饰；旧时的"剃头店"，在大都市中，已为新式的"理发处"所战胜。革履也有战胜布履、缎履的趋势，布履缎履的流行，也多数改为左右异向的，不似从前的浑同了。

（三）住

吾国住宅，北方用四合式，南方用几进几间式，都有大院落，迪光通风，视欧式为胜。然有数缺点：一、结构太散漫（南式尤甚）；二、多用木料，易于引火；三、厕所不洁。所以交通便利的地方，多有采用西式的，尤以旅馆为甚。又冬季取暖，北方多用煤炉，南方或用炭盆，均有吸入炭酸的危险；现都用有烟筒的煤炉代替，也有用热气管的。个人所用的手炉、足炉，现均用热水瓶或热水袋代替了。

（四）行

距今五十年前，已有轮船招商局，但航业推广，至今仍无何等成绩。五十六年前，有吴淞铁道，不久即毁。五十年前，又有唐胥铁道。其他京沪线、沪杭甬线、平汉线、津浦线、北宁线、平绥线等等，大抵是最近三十五年以内所完成的。总计全国铁道，干线长一〇五八二.七四八公里、支线长一八二六.五二八公里。最近经营公路，进步颇速，现在已成的共五一二一〇里。公路亦名汽车路，公路既开，汽车的应用渐广；偶有几处兼行电车，于是北方的骡车，南方的轿子，渐被淘汰。而且航空业也开始试验，将来发展，未可限量。交通既便，旅行的风气渐开；从前只有佞佛的人，假"烧香"，"朝山"等名，游历山水；现则有旅行社代办各种旅行上必需的条件，游人颇为方便，民众也渐知旅行有益于卫生，所以流行渐广。夏季的海水浴场，如北戴河、青岛等；山中的避暑所，如北平的西山、江西的匡庐、杭州的莫干山等，都是三十五年来的新设备。

二 社会的改组此三十五年中均有剧烈的改变

（一）家庭

婚姻的关系，旧制以嗣续为立足点，而且认男子为主体，注重于门第的相当；凭"媒妁之言"而用"父母之命"来决定。所以有幼年订婚，甚而至于"指腹为婚"。若结婚而无子，则古代可以出妻，而近代亦许纳妾。自男女平权的理论确定，婚姻的意义，基于两方的爱情，而以一夫一妻为正则。所以男女两方，不论是否经媒妁的绍介，而要待两方相识相爱以后，始征求父母的同意，抑或由父母代为择配，亦必征求子女的同意，而后敢代为决定。有子与否，绝对不足以为离婚的条件；而离婚案乃均起于感情的改变。

夫妇的结合，既以感情为主，于是姑妇的关系，姑嫂的关系，妯娌的关系苟与夫妇的感情有冲突时，均不得不牺牲之；所以大家庭制渐减，而小家庭乃勃兴。

（二）教育

小家庭的组织，势不能用旧日家塾法，各延师课其子弟，于是采用西方学制；自幼稚园而小学，而中学，而大学；并旧日设馆授徒，及学官、书院等制，一概改变。是谓新学制。新学制的组织，托始于民元前十年（清光绪二十八年）的学堂章程，自蒙养院以至大学院，规模粗具。其后名称及年限，虽屡有修改，而大体不甚相远。最后一次，于民国十七年规定的是幼稚园以上，小学六年，分初高二级；中学六年，亦分初高两级；大学六年，其上有研究院。与高级小学及中学同等的，尚有补习学校；与中学同等的别有职业学校及师范学校；与大学同等而年限稍减的尚有专修科。

（三）印刷业及书业

教育制度既革新，第一需要的，为各学校的教科书。旧式刻版法，旷日持久，不能应急；于是新式的印刷业，应运而兴。最初由欧洲输入的是石印术，大规模的石印业，如同文书局、图书集成公司等，均为三十五年以前的陈迹。三十五年来最发达的印刷业，为排印法；商务印书馆，即发起于是时，于馆中分设编译、印则、发行等所，于上海总发行所外，又没分发行所于各地，规模很大。民国元年，中华书局继之而起。最近又有世界书局、大东书局等。

（四）工业

印刷业以外，各种新式工厂，同时并起；其数量以民国八年为最盛；依前北京农商部统计，是年有工厂三百三十五所，资本总额为银一万三千三百十二万七千圆。其中以纺织、面粉、铁工、电气等工业为最发展。工厂既兴，于是劳工保护、劳资仲裁等法，亦应时势之需要而实现。

（五）商业

商业上的新建设，有银行。取山西帮汇票号而代他。在财政部注册的，现已有六十余所。推行于各地方的，有农民银行，可以矫正典当与小钱店重利盘剥的弊害。又有百货商店，如永安、先施、新新等公司，于购物者至为利便。其规模较小而且含有改良作用的，是消费合作社，现亦渐渐流行了。

（六）农业

农学的教育设立以后，各地方多有农事试验场与造林区的设置。现在成绩已著的，是新农具的试用，与人造肥料的流行。蚕种改良，亦于江苏、浙江、山东等省已著成效。

（七）度量衡新制

度量衡的划一，二十四年前（清光绪三十三年），清政府已有划一度量衡计划，责成农工商部与度支部会订。前二十一年，农工商部奏定两制并用，一为营造尺库平制，一为万国制；民国元年，工商部议决用万国通制为权度标准，经国务会议通过。十八年二月，国民政府颁度量衡法，采用万国公制为标准制；并暂设辅制，称曰市用制。市用制，长度以公尺三分之一为市尺；重量以公斤二分之一为市斤；容量即以公升为市升。

（八）政治

孙中山先生在五十年前，已开始革命运动，自称于乙酉年（民元前二十七年）始决倾覆清廷创建民国之志。及乙巳（民元前七年）成立同盟会，以"驱除鞑虏，恢复中华，建立民国，平均地权"四语，列在誓词上。那时候保皇的只想满洲皇室维新变法，排满的只想有汉人代满人而为皇帝；决不想有一个民国，可以实现于中华。但辛亥革命以后，竟能实现，虽有袁世凯的筹安，张勋的复辟，均不能摇动他。民国十四年七月，国民政府在广州成立，实行军政；及定都南京后，于十七年十月试行行政、立法、司法、考试、监察五院制；而于十九年确定为训政时期，对于人民为行使选举、罢免、创制、复决四权的训练，这真是历史上空前的纪录了。

三 学术的演进兹分为科学美术两类

（一）科学

科学的研究，除由各大学所设的实验室外，以实业部的地质调查所成立于民国五年，与科学社的生物研究所成立于十一年的为最早。十七年，始有国立中央研究院成立，设研究所凡九所；并没自然历史博物馆。十八年，又有国立北平研究院成立；分设六部。今按科学门类，分别叙述如下：

（子）物理学 各大学有理科的，都有物理学一系，近年中央、中山、北京、清华、浙江、燕京诸大学，均有研究的设备。对于电学、光学方面，注意的颇多，爱克斯光线与无线电的研究，各大学进行的已有数处。中央研究院之物理研究所，兼具国家标准局性质，本应有绝对标准的制定；现为日前需要计，先装置副标准，此种基本装置，一、标准时钟；二、比较电阻及电压装置；三、气压温度空气等装置；四、恒频率发电机的装置；五、无线电台；六、铂电阻温度计的装置等。研究工作，为：一、重力测量；二、低压下摩擦生电的试验；三、晶体频动及高频率电波的研究；四、测量高频电波的研究；五、发生高频电波的研究等。北平研究院理化部物理研究所的研究工作，为：一、中国北部各地经纬度重力加速率及地磁等的测定；二、光带吸收的研究；三、关于镭矿调查及关于镭质放射研究；四、爱克斯光线及近代物理研究；五、无线电。

（丑）化学 国内化学研究机关，约可分为三种：其一，为大学中的化学系，其中又可分为理学院的化学系，及其余专科的化学系（如属于医学、农学、工学等院的）。其二，关于农工机关的化验处，如商品检验所等处。其三，特设的研究机关，如中央研究院的化学研究所等。理学院的化学系，除教课外，兼进行研究的，为数尚不多；但其中有数大学，确已有研究计划。如中央大学化学系研究室，对于研究，颇有具体计划，例如对于有机综合法的改良；格林耶反应；格鲁太密酸的化学；铐与其合金的研究；有机定性分析的研究等，俱在进行中。中山大学化学系，对于有机化学，亦颇有贡献。清华大学化学系，对于有机综合与理论化学，亦有研究的计划。北京大学及东北大学，对于化学设备，俱颇充足，实验室地位亦宽，颇适宜于研究。至私立大学中化学的设备较充足的，为数亦不少，例如燕京大学、东吴大学、沪江大学、福建协和大学等处，均有可以供给简单研究的设备；所研究的问题，大概属于各种农工业原料的分析，间有及于制造的。至于专科大学的化学系，其中颇有设备甚佳。且为专门研究的。例如北平协和医学院的生物化学系与药物化学系，设备俱佳；生物化学系所研究的，为有机化学与生物化学的关系；理论化学与生物化学的关系；新陈代谢及营养。而药物化学系，对于中国药，如延胡索等，颇有发明。又如北平大学之农业化学系，对于农艺化学诸问题，颇多研究，例如豆饼的营养价值，豆饼食品的制造法，菌类生活素研究，油类脱色沾，柿中酸类及无机成分研究等。又如中央大学医学院生物化学系，对于营养化学，研究颇多。至于各处特设的化学机关，其研究范围，较为专一。例如上海商品检验所的化验处，所进行的，有植物油类检验，牲畜正副产品类检验，及其他农产农用品的检验。上海市社会局工业物品试验所，所化验物品，不亚十余种，至于专以研究化学为事的，国立的有中央研究院的化学研究所，北平研究院理化部的化学研究所；私立的有中华工业化学研究所。中央的化学研究所，成立于民国十七年，其工作分四组进行，为：无机理论化学组，有机生物化学组；分析化学组；应用化学组。其研究范围，目前暂限于中国药料、纸料、油脂、陶料诸问题，以图国产原料的应用。同时对于基本化学诸问题，如有机化学综合法，气体平衡，生物发育时的化学及各种分析方法，加以研究。北平的化学研究所，所研究的：一、无机化学中复质化学的研究；二、研究分析国产金石药品；三、研究分析国产化学工艺制造品；四、研究分析河北一带水泉；五、研究分析河北一带土壤；六、研究分析国内各种燃料；七、近代纯粹化学研究。中华工业化学研究所，所研究的，均为工业化学上切要问题，其研究已告段落的，有维太命防腐浆，褪色药水，乳化蓖麻子油等。

（寅）地质学　地质研究机关，以北平地质调查所为最早，开办于民国五年。其研究范围，为地质、古生物、矿产。其历年来所办重要事项：一、测制全国地质图，已测成的，有直隶，山东，山西全省及安徽、江苏、热河、绥远之一部。二、调查全国矿产，对于煤铁，尤为注意；有专书及详图。三、研究与地质学有关的各种科学问题，如岩石、矿物等项，现亦有出版物颇多。此外尚有临时调查诸工作，其出版物有汇报、专报、特刊及中国古生物志等各十余种。中央研究院之地质研究所，成立于十七年一月，分四组：一、地层古生物组；二、岩石矿物组；三、应用地质组；四、地象组（包括构造地质及地质物理），其三年来的工作：一、调查湖北矿产；二、与地质调查所分任秦岭山脉地层及地质构造之研究；三、在安徽、江西、江苏、浙江等省研究各地之地层。地质构造与矿产；四、调查中国东海岸岩石现象与海岸的变迁；五、关于地质物理的工作两种、一以扭转天秤研究上海冲积层以下的岩石层；一在室内研究岩石的杨氏弹性常数。两广地质调查所，成立于十六年九月，曾分组至广西、广东各江流域及西沙群岛，并至贵州、四川等处调查地质，成绩甚良。湖南地质调查所，成立不过三年，对于湖南煤田及各种经济矿苗，颇多调查。浙江矿产调查所，成立于十七年，调查本省矿产，兼及土壤、肥料与农产物。江西地质调查所，成立于十七年，在逐渐进展中。至于各大学有地质学系的，为数颇多；较为著名的，如北京大学的地质学系，与北京地质调查所有密切关系。中央、中山两大学的地质学系，均有相当设备，于授课外，调查该校附近的地质。

（卯）生物学　生物学研究机关，以科学社生物研究所为最早，成立于十一年。分两组，一为植物组，研究植物分类与植物生态。对于各省植物调查，尤为注意；例如与浙江大学农学院合作，研究浙江省植物；与静生生物调查所合作，调查四川植物；至于浙江天目山、南京紫金山及其他各处之植物生长状况，多在研究中，所采集的各种植物，已经整理鉴别的，有一万种；尚未完全整理的，有二万余。又一组为动物组，其研究范围颇广；一部分为动物神经的研究；一部分为中国各种新种动物的说明；一部分为中国长江及沿海动物有系统的调查；又一部分为动物形态及生理的研究。历年所采集标本极多；十八年在山东沿海，采得动物标本一万五千余，同年，长江一带，采得标本万余，其中共为千余种；其他各处采集，成绩亦略相等；研究报告，已出版的二十余种。中央研究院自然历史博物馆，成立于十八年。搜罗中国西南部动植物标本，最为丰富。第一次广西科学调查团，采得植物五万份，脊椎及无脊椎动物约九千余份。十八年，复有四川鸟类采集，长江鱼类采集；十九年，组织贵州自然历史调查团，成绩皆极满意。其研究工作，除关于分类研究外，尤注意于中国动植物的分区。印行专著、图谱、丛刊等，约十余种。静生生物调查所，为纪念范静生先生而设，成立于十八年。亦分动植物两部，调查及研究中国动植物分类，旁及经济动植物学与动植物生态学，木材解剖学等，已有出版品四五种。北平研究院植物学研究所，成立于十八年，调查及研究中国北部植物，有出版品二种。中山大学农林学院，有农林植物研究所，成立于十七年；其研究目的，在于求农植物改良，旁及于分类、分布、生理、生态诸学；其研究材料，大概为中国南部植物，尤注意的是广东植物；出版品有图谱与植物志诸书。至于各大学的生物研究，其性质较为广泛；如清华大学生物学系及生物研究所，除采集外，作生理遗传及生态的研究；对于金鱼研究，颇加注意。厦门大学植物系，除普通研究外，注意福建植物及下等隐花植物与海藻植物。河南大学理学院生物系，为遗传（研究果蝇、豚鼠、兔子）、植物生理、鱼类分类、动物解剖诸研究。又如各省昆虫局，对于各省虫类颇多研究；历史较久的，是江苏省昆虫局，成立于九年。

（辰）天文学　天文学研究机关，以佘山天文台为最早；成立于民元前十二年，其工作：一、测时；二、行星与恒星的摄影研究；三、小行星受木星影响研究。出年报，已至第十七卷。其次，齐鲁大学天文台，成立于民国六年，其工作：一、授时；二、观日月斑点形象。出版品有天文书籍四种。其次青岛观象台天文磁力科，成立于民国十三年，其工作：一、授时；二、天体摄影观测；三、天体位置推算等；出版品有报告书及观象日报。其次为中央研究院天文研究所，成立于民国十六年，其工作：一、首都授时；二、全国授时；三、测量经纬度；四、研究太阳、行星、恒星等；出版品有国历、国民历、天文年历、集刊、别刊等九种。其次为中山大学天文台，成立于民国十八年，其工作：一、授时；二、观测变星；三、观测太阳斑点。出版品有两月刊。

（巳）气象学　国内各处天文台，俱附设有气象测候所。专研气象的机关，为中央研究院气象研究所及其附属之各气象测候所。其本所研究事业，除普通测候及天文预报外，特别注意于高空研究，历次举放气候，成绩颇佳。现方联络及接收国内各处气象测候所，远至内蒙、新疆等处。今年在首都举行气象会议，到的有三十余团体，议决联络及统一国内测候通信办法。又开班训练测候人才。其次为上海徐家汇天文台。虽以天文名，而进行工作，大概俱属气候及地震测候，所出报告，种类颇多。其次如南通军山气象台，测候设备亦多。至于青岛现象台。北平观象台及中山大学天文台等，亦皆有气象研究普通设备及各种自记仪器云。

（午）医学　医学研究，以同济大学医学院为最早，其生理学研究馆，成立于民元前十二年，所研究的是心理的生理学，尤注意于中国人与欧洲人的比较，已有出版品数种。其次成立的为解剖学研究馆，成立于民元前四年，所研究的，为东方民族比较解剖学，已有出版品一种。尚有病理学研究馆，专研究中国方面的民族比较病理学；药物学研究馆，研究中国的药物；均附设于宝隆医院。北平协和医学院，隶属于美国罗氏驻华医社，成立于民国十年，经费较充，设备较为完全。该院设十二系：解剖学系，研究解剖、组织、细胞、胚胎、人类诸学；生理学系，研究人类生理；生理化学系，研究有机生物化学新陈代谢、食物化学及营养学；药物学系，研究植物学、有机化学、生理与药物作用的关系；细菌学系，研究细菌学、免疫学、霉菌学系；病理学系，卫生学系；内科学系；外科学系；妇产科学系；眼科学系；爱克斯光学系等，分别用科学方法研究各种病理，其研究报告发表于欧美及中国之杂志中，已有百余篇；其他如杭州医院，为热带病及寄生虫的研究；中央大学医学院，与红十字总医院合作，各系教授均有研究，论文散见于各杂志的，已有二十余篇；均为后起而极有希望的。

（未）工程学　工程研究，在中央研究院工程研究所中已设立的，尚只有陶瓷及钢铁两试验场。陶瓷试验场所研究的：一、坯泥的研究；二、瓷泥的分析；三、国内各地瓷泥性质的研究；四、瓷釉的研究。钢铁试验场所研究的：一、采集国内各厂矿所产之生铁与焦炭，试制铸钢与器具钢；二、研究制模手术；三、研究关于冶炼方面各问题；四、研究繁难铸铁机件。

（申）心理学　北京大学、中山大学、浙江大学均有实验心理学的设备；专门的研究机关，为中央研究院的心理研究所，设在北平，所研究的：一、修订皮纳智力测验；二、研究食品对于神经系发展及学习能力的影响；三、研究大声惊吓对于习得能力的影响；四、研究输精管隔断的各种影响；五、编辑心理学名词。

（酉）历史语言学　中央研究院历史语言研究所设在北平，

分三组：第一组，关于史学各方面及文艺考订等；第二组，关于语言学各方面及民间文艺等；第三组，关于考古学、人类学、民物学等。第一组研究标准：一、以商周遗物，甲骨、金石、陶瓦等，为研究上古史的对象；二、以敦煌材料及其他中亚近年出现的材料为研究中古史的对象；三、以内阁大库档案，为研究近代史的对象。其属于个人研究的：一、中国经典时代语言及历史的研究；二、以流传的及最近发现的梵文手抄本与番经汉藏对勘；三、由蒙文蒙古源流及清文译本，作蒙古源流研究；四、以金石文字校勘先秦的典籍及研究经典上各项问题；五、以古代遗物文字花纹等研究古代文化及民族迁移中所受外来文化的影响；六、编定北平图书馆所藏敦煌卷子目录；七、编定金石书目；八、辑校宋元逸词；九、搜访南明弘光，隆武，永历三朝史料？编纂南明史及南明史的专题研究。第二组所研究的：一、全国务省方言的调查，求知各地方言的分配变迁来源等；二、音档的设置，为保存各地方言材料永久的记录起见，依照德、法各国音档方法，灌收方言话片；三、古代音韵研究；四、西夏研究；五、语言实验室工作，尤注重我国声调的实验。该组已完成的工作，较力重要的：一、慧琳一切经音义反切考；二、瑶歌记音；三、厦门音系研究；四、藏歌记音；五、耶稣会士在音韵学上贡献的研究；六、闽音研究。第三组的工作，以发掘与考订为中心。发掘事项，计河南安阳殷墟三次，山东历城龙山城子崖一次，黑龙江齐齐哈尔石器时代墓葬一次。殷墟与城子崖发掘的效果：一、大宗刻字甲骨的发现；二、大宗陶器、陶片的发现；三、大宗兽骨的发现；四、地层的认识；五、与甲骨文同时的石器、铜器的发现。

（戊）社会科学　社会科学研究的机关，有中央研究院的社会科学研究所，分设四组；一、法制学组；二、经济学组；三、社会学组；四、民族学组。法制学组所研究的：一、陪审制度，已有报告；二、犯罪问题，先从监犯调查入手；三、上海租界问题，就法理与事实两方面详加研究；四、华侨在中外条约上及列国法律上所受的待遇；五、中国近代外交史研究；六、国际法典编纂会议议题研究。经济学组已完成的，有六十五年来中国国际贸易统计。现在所研究的：一、中国国际贸易统计的改进问题；二、中国国际贸易研究；三、杨树浦工人住宅调查；四、统计学名词汇；五、所得税问题。社会学组的工作，现方集中于农村问题：一、计划全国农村调查，先就无锡、保定两处实地调查；二、研究中国农村的封建社会性；三、研究资本主义在中国农村中的发展。出版品：《亩的差异》《黑龙江的农民与地主》等等，已有六种。民族学组所研究的：一、广西凌云瑶人的调查及研究；二、台湾番族的调查及研究；三、松花江下游赫哲人的调查及研究；四、世界各民族结绳记事与原始文字的研究；五、外国民族名称汉译；六、西南民族研究资料的搜集。与该所社会学组同年成立，而且有分工互助的契约的，是中华教育文化基金董事会所设立的社会调查所，从事于社会问题的各项研究与调查，调查工人生活，尤多贡献；出有第一次中国劳动年鉴，指数公式总论，社会科学杂志等刊物十余种。其他各大学所研究的，大抵趋重于中外社会现状与其趋势，所有出版物，亦以通论及偏于理论者为多。各种学会，方面较多；如辽宁东北法学研究会，志在发扬本国法律优点，并普及法律知识于民众，所出法学新报及法律常识等杂志，即本此立论。北平朝阳大学法律评论社所出周刊，亦与同调。又如上海东吴大学法律学院注重于中西法律比较的研究。中国社会科学会注重于书报的译述，谋增进民众社会常识。中国经济学社及社会经济研究会，致力于本国经济现状与现代经济问题等，均有特殊的贡献云。

（二）美术

吾国古代乐与礼并重；科举时代，以文学与书法试士，间设画院，宫殿寺观的建筑与富人的园亭，到处可以看出中国人是富于美感的民族；但最近三十五年，于美术上也深受欧洲的影响，分述于下：

（子）美术学校　吾国美术学校，以私立上海美术专门学校为最早，成立于民国元年，初名上海图画美术院，设绘画科两班，学生十二人。是年七月，于正科外设选科。三年，改绘画科为西洋画科。四年一月，增设艺术师范科。九年四月，更名上海美术学校；十年八月，更名上海美术专门学校。现有中国画，西洋画，艺术教育及音乐四系，学生五百人。继此而起的，有国立美术学校两所。一在北平，一在杭州。北平一校，成立于民国七年，初名北京美术学校，设绘画、图案两科。九年，设专门部的图画，手工师范科。十一年改称北京美术专门学校，设国画、西画、图案三系及图画手工师范系。十五年二月又改名国立艺术专门学校，增设音乐戏剧两系。十七年编入北平大学，名为艺术学院，增设建筑系，改图案系为实用美术系，合之音乐、戏剧、国画、西画各系，共成立六系，学生三百五十名。杭州一校，成立于民国十七年三月，初名艺术院，设中国画、西洋画、雕塑、图案四系，而外国语用法文；秋，合并中国画及西洋画为绘画系。

十八年十月，改名美术专科学校，学生二百二十六人。其非专设的学校而附设于大学的，有国立中央大学教育学院的艺术教育科与艺术专修科。艺术教育科，分国画、西洋画、手工、音乐四组，均四年毕业。艺术专修科，分图画、工艺、音乐三组，为培养中等学校师资而设，三年毕业。

（丑）博物院与展览会　收藏古物与美术品，本属于私人的嗜好。近始有公开的机关，如各地方所设古物保存所就是。其内容较为丰富的，是北平的古物陈列所与故宫博物院。古物陈列所，成立于民国初年，设于乾清门外太和、中和、保和及文华、武英等殿，所陈列的都是奉天、热河两行宫的物品；书画占最多数，更番展览；其他瓷、漆、金、玉的器物，亦为外间所寡有的。故宫博物院，成立于十四年十月，设于乾清门内各宫殿。故宫的建筑与园林，本有美术的价值；昔为清皇室所占有，自十四年后，次第开放，公诸民众。至于宫中物品，除书籍及档册外，美术品甚多；书画八千余件；陶瓷六千余件；其他铜器、玉器及各种宝石、象牙的器物，以刻镂见长的，为数尤多。除这种永久的陈列所以外，又有一种短期的陈列所，就是展览会。自国内美术学校成立，在国外留学的美术家渐渐回国以后，在大都会中，时时有学校或个人的展览会；其规模较大的，是十六年的北京艺术大会，为北京艺术专门学校所发起，自五月十一日至六月三日，绘画的出品在三千件以上，并有音乐戏剧。其后有十八年的全国美术展览会，为教育部所主持，会场设在上海普育堂，四月十日开会，一个月始毕。所陈列的，第一部，书画，千二百三十一件；第二部，金石，七十五件；第三部，西画，三百五十四件；第四部，雕刻，五十七件；第五部，建筑，三十四件；第六部，工艺美术，二百八十八件；第七部，美术摄影，二百二十七件。又有日本美术家出品，八十件，每日并有收藏家分别借陈的古书画。

（寅）建筑术　在欧洲美术学校中有建筑一科，我国各校为经费所限，尚不能设此科，但新式建筑，已经为我国人所采用了。起初用纯粹西式，或美或丑，毫无标准。后来有美国建筑家，窥破纯粹欧式与环境不相调和的弱点，乃创一种内用欧式而外形仍用华式的新格，初试用于南京的金陵大学与金陵女子大学，继又试用于北平的协和医院与燕京大学，被公认为美观。于是北平的国立北平图书馆、南京的铁道部、励志社等皆采此式。将来一切建筑，固将有复杂的变化，但是调和环境的原则，必不能抹杀了。

（卯）摄影术　摄影术本一种应用的工艺，而一人美术家的手，选拔风景，调剂光影，与图画相等：欧洲此风渐盛，我国现亦有光社，华社等团体，为美术摄影家所组织的。光社设在北平，成立于十二年，初名艺术写真研究会，十三年改名光社。每年在中央公园董事会开展览会，观众在万人以上，十六年以来，已出年鉴两册。华社设在上海，成立于十六年，曾开展览会数次；印刷品有社员《郎静山摄影集》。上海又有天鹏艺术会，印有《天鹏摄影杂志》。

（辰）书画摹印　摹印古代书画，始于神洲国光社，继起的有文明书局及有正书局等。其后商务印书馆及中华书局，也有这种印本，并于碑帖画册以外，兼及扆联堂幅，而故宫博物院所出《故宫》月刊，亦以故宫藏品的摄影，次第公布。其专印新印图画及雕刻的，有《美育》杂志等。

（巳）音乐　自新学制制定以后，学校课程中，就有音乐、唱歌等课，于是师范学校中，亦有此等科目，这是采用西欧乐器与音乐教授法的开始。在艺术学校，亦有设音乐系的。八年，北京大学设音乐研究会，九年，北京女子高等师范学校设音乐科，同时有一种管弦乐的演奏会。十六年十月，始有国立音乐院，成立于上海，十八年改名音乐专科学校；校中设预科、本科，并附设师范科。本科分理论作曲、钢琴、提琴及声乐四组；初学各生，入学后第一年不分组。又有选科，专为对于音乐曾有研究、欲继续专攻一门者而设。该校成立以后，举行教员演奏大会及学生演奏会多次，又有由一部分教员所组织的弦乐演奏会，每月举行一次。九年一月，北京大学的音乐研究会，曾编印《音乐杂志》，十一年停办。十九年，音乐专科学校又编印《乐艺》季刊。

（午）文学　文学的革新，起于戊戌（民元前十四年）；一方面梁启超、夏曾佑、谭嗣同等用浅显恣肆的文章，畅论时务，打破旧日古文家拘守义法、模仿史、汉、韩、苏的习惯；一方面林獬、陈敬第等发行白话报，输灌常识于民众；但皆不过以此为智育的工具，并没有文学革命的目标。至民国七年，胡适、陈独秀、钱玄同、周作人等，始排斥文言的文学，而以白话文为正宗的文学。其中尤以胡适为最猛进，作《白话文学史》以证明白话的声价；于是白话散文逐有凌驾古文的趋势；至于白话诗与剧本，且亦有创作与翻译的尝试，但未到成熟时期，于社会上尚无何等显著的影响。最热闹的是小说：第一，是旧小说的表彰，如《水浒》《红楼梦》《儒林外史》等，都有人加以新式标点，或考定版本异同。唐以后的短篇，宋以后的平话，或辑戍汇编，或重印孤本，均有销行的价值。第二，是外国小说出翻译，林纾与魏易合译英文小说数十种，为兹事发端。最近几年，译本的数量激增，其中如《少年维特之烦恼》《工人绥惠略夫》《沙宁》等，影响于青年的心理颇大。第三是文学家的创作，这一时期中，以创作自命的颇多，举其最著的：鲁迅的《阿Q正传》等，以抨击旧社会劣点为目的，而文笔尖刻，足投时好。而茅盾的《动摇》《追求》《幻灭》，亦颇轰动一时。新进作家沈从文著有《蜜柑集》等，也是被人传诵的。至于文学期刊，最近几年，时作时辍的甚多；其中能持久而自成一派的，如《小说月报》的平正，《语丝》的隽永，《新月》的犀利，《真善美》的凝练，均有可观。

（未）演剧　演剧的改良，发起于留日学生的春柳社，以提倡白话剧为主，译日文剧《不如归》，自编《社会钟》《家庭恩怨》等剧。民国二年公演，四年，即解散。八年，南通设伶工学社，招小学毕业的学生，分戏剧、音乐两班教授，历六年，曾在新式剧场演过。现在广州有戏剧研究所，北平有戏剧专科学校，均偏重旧剧改良。至于白话剧，自春柳社解散以后，仍有人续演，称为文明戏，多浅薄。较为深造的，北平有陈大悲，上海有洪深、田汉，山东有赵太侔，均曾在国外研究戏剧，汉组织南国剧社，太侔组织实验剧院。

（申）影戏　影戏本为教育上最简便的工具，近日各都市盛行的，都以娱乐为最大目的。中国人自编的甚少，且多为迎合浅人的心理而作。输入的西洋影片，亦多偏于富刺激性的。他们的好影响，还不及恶影响的多。

（西）留声机　与无线电播音机留声机传唱本国与外国的歌唱，流行甚广；间亦用以传播遗训，教授外国语。无线电播音机，可以不出门而选听远地的乐歌，亦渐渐流行。

（戊）公园 我国有力者向来专致力于大门以内的修饰，庭园花石，虽或穷极奢侈；而大门以外，如何秽恶，均所不顾。三十五年来，都市中整理道路，留意美化，业已开端；而公园的布置，各县皆有；实为文化进步的一征。如首都的第一公园，莫愁湖公园、五洲公园、北平的中央公园、北海公园等，均于市民有良好的影响，其他可以类推。

综观所述新文化的萌芽，在这三十五年中，业已次第发生；而尤以科学研究机关的确立为要点，盖欧化优点即在事事以科学为基础；生活的改良，社会的改造，甚而至于艺术的创作，无不随科学的进步而进步。故吾国而不言新文化就罢了，果要发展新文化，尤不可不于科学的发展，特别注意啊！

1931 年 6 月 15 日

美育代宗教
——在上海中华基督教青年会的演说

　　有的人常把美育和美术混在一起，自然美育和美术是有关系的，但这两者范围不同，只有美育可以代宗教，美术不能代宗教，我们不要把这一点误会了。就视觉方面而言，美术包括建筑、雕刻、图画三种，就听觉方面而言，包括音乐。在现在学校里，像图画、音乐这几门功课都很注意，这是美术的范围。至于美育的范围要美术大得多，包括一切音乐、文学、戏院、电影、公园、小小园林的布置、繁华的都市（例如上海），幽静的乡村（例如龙华）等等，此外如个人的举动（例如六朝人的尚清谈）、社会的组织、学术团体、山水的利用，以及其他种种的社会现状，都是美育。美育是广义的，而美术则意义太狭。美术是活动的，譬如中学生的美术就和小学生的不同，那一种程度的人就有那一种的美术，民族文化到了什么程度就产生什么程度的美术。美术有时也会引起不好的思想，所以国家裁制便不用美术。

　　我为什么想到以美育代宗教呢？因为现在一般人多是抱着主观的态度来研究宗教，其结果，反对或者是拥护，纷纭聚讼，闹不清楚，我们应当从客观方面去研究宗教。不论宗教的派别怎样的不同，在最初的时候，宗教完全是教育，因为那时没有像现在那样为教育而设的特殊机关，譬如基督教青年会讲智、德、体三育，这就是教育。

初民时代没有科学，一切人类不易知道的事全赖宗教去代为解释。初民对于山、海、光，以及天雨、天晴等等的自然界现象，很是惊异，觉得这些现象的发生，总有一个缘故在里面。但是什么人去解释呢？又譬如星是什么，太阳是什么，月亮是什么，世界什么时候起始，为什么有这世界，为什么有人类这许多问题，现在社会人事繁复，生活太复杂，人类一天到晚，忙忙碌碌，没有工夫去研究这些问题，但我们的祖宗生活却很简单，除了打猎外，便没有什么事，于是就有摩西亚把这些问题作了一番有系统的解答，把生前是一种怎样情形，死后又是一种怎样情形，世界没有起始以前是怎样，世界将来的究竟又是怎样，统统都解释了出来。为什么会有日蚀、月蚀那种自然的现象呢？说是日或月给动物吞食了去。在创世纪里，说人类是上帝于一天之内造出来的，世界也是上帝造出来的，而且可吃的东西都有。经过这样一番解释之后，初民的求知欲就满足了，这是说到宗教和智育的关系。

从小学教科书里直到大学教科书里，有人讲给我们听，说人不可做怎样怎样不好的事，这是从消极说法，更从积极方面，说人应该做怎样怎样的人。这就是德育。譬如摩西的十诫也说了许多人"可以"怎样和"不可以"怎样的话，无论那一种的宗教总是讲规矩，讲爱人爱友，爱敌如友，讲怎样做人的模范，现在的德育也是讲人和人如何往来，人如何对待人，这是说到宗教和德育的关系。

宗教有跪拜和其他种种繁重的仪式，有的宗教的信徒每日还要静坐多少时间，有许多基督教徒每年要往耶路撒冷去朝拜，佛教徒要朝山，要到大寺院里去进香。我把这些情形研究的结果，原来都和体育与卫生有关。周朝很注重礼节，一部《周易》无非要人强壮身体，一部《礼记》规定了很繁重的礼节，也无非要人勇敢强有力，所谓平常有礼，有事当兵。这是说到宗教和体育的关系。

所以，在宗教里面智、德、体三育都齐备了。

凡是一切教堂和寺观，大都建筑在风景最好的地方。欧洲文艺复兴之后，在建筑方面产生了许多格式。中国的道观，其建筑的格式最初大都由印度输入，后来便渐渐地变成了中国式。回教的建筑物，在世界美术上是很有名的。我们看了这些庄严灿烂的建筑物，就可以明了这些建筑物的意义，就是人在地上不够生活，要跳上天去，而这天堂就是要建立在地上的。再说到这些建筑物的内部也是很壮丽的，我们只要到教堂里面去观察，我们就可以看出里面的光线和那些神龛都显出神秘的样子，而且教堂里面一定有许多雕刻，这些雕刻都起源于基督教。现在有许多油画和图像都取材自基督教，唐朝的图像也都是佛。此外在音乐方面，宗教的音乐，例如宗教上的赞美歌和歌舞，其价值是永远存在的。现在会演说的人有许多是宗教家。宗教和文学也有很密切的关系，因为两者都是感情的产物。凡此种种，其目的无非在引起人们的美感，这是宗教的一种很重要的作用。因为宗教注意教人，要人对于一切不满意的事能找到安慰，使一切辛苦和不舒服能统统去掉。但是用什么方法呢？宗教不能用很严正的话或很具体的话去劝慰人，它只能利用音乐和其他一切的美术，使人们被引到别一方面去，到另外一个世界上去，而把具体世界忘掉。这样，一切困苦便可所暂时去掉，这是宗教最大的作用。所以宗教必有抽象的上帝，或是先知，或是阿弥陀佛。这是说到宗教和美育的关系。

以前都是以宗教代教育，除了宗教外没有另外的教育，就是到了欧洲的中古时代也还是这样。教育完全在教堂里面，从前日本的教育都由和尚担任了去，也只有宗教上的人有那热心和余暇去从事于教育的事业。但现在可不同了，现在有许多的事我们都知道。譬如一张桌子，有脚，其原料是木头，灯有光等等。这些事情只有科学和工艺书能告诉我们，动物学和植物学也告诉了我们许多关于自然的现象。此外如地球如何发生，太阳是怎么样，星宿是怎么样，也有地质学和天文学可以告诉我们，而且解释得很详细，比宗教更详细。甚而至于人死后身体怎样的变化，灵魂怎样，也有幽灵学可以告诉我们，还有精神上的动作，下意识的状态等等，则有心理学可以告诉我们。所以单是科学已经够解释一切事物的现象，用不着去请教宗教。这样，宗教和智育便没有什么关系。现在宗教对于智育不但没有什么帮助，而且反有障碍，譬如像现在的美国，思想总算很能自由，但在大学里还不许教进化论，到现在宗教还保守着上帝七天造人之说，而不信科学。这样说来，宗教不是反有害吗？

讲到德育，道德不过是一种行为。行为也要用科学的方法去研究的，先要考察地方的情形和环境，然后才可以定一种道德的标准，否则便不适用。例如在某地方把某种行为视为天经地义，但换一个地方便成为大逆不道，所以从历史上看来，道德有的时候很是野蛮。宗教上的道德标准至少是千余年以前的圣贤所定，对于现在的社会当然是已经不甚适用。譬如圣经上说有人打你的右颊，你把左颊也让他打，有人剥你的外衣，你把里衣也脱了给他。这几句话意思固然很好，但能否做得到，是否可以这样做，也还是一个问题，但相信宗教的人却要绝对服从这些教义。还有宗教常把男女当作两样东西看待，这也是不对的，所以道德标准不能以宗教为依归。这样说来，现在宗教对于德育也是不但没有益处而且反有害处的。

至于体育，宗教注重跪拜和静坐，无非教人不要懒惰，也不要太劳。有许多人进杭州天竺烧香，并不一定是相信佛，不过是趁这机会看看山水罢了。现在各项运动，如赛跑，玩球，摇船等等，都有科学的研究，务使身体上无论那一部分都能平均发达，遇着山水好的地方，便到那个地方去旅行，此外又有疗养院的设施，使人有可以静养的处所。人疲劳了应该休息，换找新鲜空气，这已成为老生常谈。所以就体育而言，也用不着宗教。

这样，在宗教的仪式中，就丢掉了智德体三育，剩下来的只有美育，成为宗教的惟一原素。各种宗教的建筑物，如庵观寺院，都造得很好，就是反对宗教的人也不会说教堂不是美术品。宗教上的各种美术品，直到现在，其价值还是未动，还是能够站得住，无论信仰宗教或反对宗教的人，对于宗教上的美育都不反对，所以关于美育一部分宗教还能保留。但是因为有了美育，宗教可不可以代美育呢？我个人以为不可，因为宗教上的美育材料有限制，而美育无限制，美育应该绝对的自由，以调养人的感情。吴道子的画没有人说他坏，因为每一个人都有他自己所欣赏的美术。宗教常常不许人怎样怎样，一提起信仰，美育就有限制，美育要完全独立，才可以保有它的地位，在宗教专制之下，审美总不很自由。所以用宗教来代美育是不可的。还有，美育是整个的，一时代有一时代的美育。油画以前是没有的，现在才有，照相也是如此，唱戏也经过了许多时期，无论音乐工艺美术品都是时时进步的，但宗教却绝对的保守。譬如一部圣经，哪一个人敢修改？这和进化刚刚相反。美育是普及的，而宗教则都有界限。佛教和道教互相争斗，基督教和回教到现在还不能调和，印度教和回教也极不相容，甚至基督教中间也有新教旧教天主教耶稣教之分，界限大，利害也就很清楚。美育不要有界限，要能独立，要很自由，所以宗教可以去掉。宗教说好人死后不吃亏，但现在科学发达，人家都不相信。宗教又说，人死后有灵魂，做好人可以受福，否则要在地狱里受灾难，但究竟如何，还没有人拿出实在证据来。

　　总之，宗教可以没有，美术可以辅宗教之不足，并且只有长处而没有短处，这是我个人的见解。这问题很是重要。这个题目是陈先生定的，不是我自己定的，我到现在还在研究中，希望将来有具体的计划出来，我现在不过把已想到的大概情形向诸位说说。

1930 年 12 月

第二辑　美学与美术

美学讲稿

　　美学是一种成立较迟的科学，而关于美的理论，在古代哲学家的著作上，早已发见。在中国古书中，虽比较的少一点，然如《乐记》之说音乐，《考工记·梓人篇》之说雕刻，实为很精的理论。

　　《乐记》先说明心理影响于声音，说："其哀心感者，其声噍以杀；其乐心感者，其声啴以缓；其喜心感者，其声发以散；其怒心感者，其声粗以厉；其敬心感者，其声直以廉；其爱心感者，其声和以柔。"又说："治世之音安以乐，其政和；乱世之音怨以怒，其政乖；亡国之音哀以思，其民困。"

　　次说明声音亦影响于心理，说："志微噍杀之音作，而民思忧；啴谐慢易繁文简节之音作，而民康乐；粗厉猛起奋末广贲之音作，而民刚毅；廉直劲正庄诚之音作，而民肃敬；宽裕肉好顺成和动之音作，而民慈爱；流辟邪散狄成涤滥之音作，而民淫乱。"

　　次又说明乐器之影响于心理，说："钟声铿，铿以立号，号以立横，横以立武，君子听钟声，则思武臣；石声磬，磬以立辨，辨以致死，君子听磬声，则思封疆之臣；丝声哀，哀以立廉，廉以立志，君子听琴瑟之声，则思志义之臣；竹声滥，滥以立会，会以聚众，君子听竽笙箫管之声，则思畜聚之臣；鼓鼙之声欢，欢以立动，动以进众，君子听鼓鼙之声，则思将帅之臣。"

这些互相关系，虽因未曾一一实验，不能确定为不可易的理论；然而声音与心理有互相影响的作用，这是我们所能公认的。

《考工记》："梓人为笋虡，……厚唇弇口，出目短耳，大胸燿后，大体短脰，若是者谓之羸属；恒有力而不能走，其声大而宏。有力而不能走，则于任重宜；大声而宏，则于钟宜。若是以为钟虡，是故击其所县，而由其虡鸣。锐喙决吻，数目顾脰，小体骞腹，若是者谓之羽属；恒无力而轻，其声轻阳而远闻；无力而轻，则于任轻宜；其声清阳而远闻，于磬宜；若是者以为磬虡；故击其所县，而由其虡鸣。小首而长，抟身而鸿，若是者谓之鳞属，以为笋。凡攫閷援簭之类，必深其爪，出其目，作其鳞之而。深其爪，出其目，作其鳞之而，则其眡必拨尔而怒；苟拨尔而怒，则于任重宜，且其匪色必似鸣矣。爪不深，目不出，鳞之而不作，则必颓尔如委矣；苟颓尔如委，则加任焉，则必如将废措，其匪色必似不鸣矣。"

这是象征的作用，而且视觉与听觉的关联，幻觉在美学上的价值，都看得很透彻了。

自汉以后，有《文心雕龙》《诗品》《诗话》《词话》《书谱》《画鉴》等书，又诗文集、笔记中，亦多有评论诗文书画之作，间亦涉建筑、雕塑与其他工艺美术，亦时有独到的见解；然从未有比较贯串编成系统的。所以我国不但无美学的名目，而且并无美学的雏型。

在欧洲的古代，也是如此。希腊哲学家，如柏拉图、亚里士多德等，已多有关于美术之理论。但至十七世纪（应是十八世纪），有鲍格登（Baumgarten）用希腊文"感觉"等名其书，专论美感，以与知识对待，是为"美学"名词之托始。至于康德，始确定美学在哲学上之地位。

康德先作纯粹理性批评，以明知识之限界；次又作实践理性批评，以明道德之自由；终乃作判断力批评，以明判断力在自然限界中之相对的自由，而即以是为结合纯粹理性与实践理性之作用。又于判断力中分为决定的判断与审美的判断，前者属于目的论的范围，后者完全是美学上的见解。

康德对于美的定义，第一是普遍性。盖美的作用，在能起快感；普通感官的快感，多由于质料的接触，故不免为差别的；而美的快感，专起于形式的观照，常认为普遍的。

第二是超脱性。有一种快感，因利益而起；而美的快感，却毫无利益的关系。

他说明优美、壮美的性质，亦较前人为详尽。

自有康德的学说，而在哲学上美与真善有齐等之价值，于是确定，与论理学、伦理学同占重要的地位，遂无疑义。

然在十九世纪，又有费希耐氏，试以科学方法治美学，谓之自下而上的美学，以与往昔自上而下的美学相对待，是谓实验美学。费氏用三种方法，来求美感的公例：一是调查，凡普通门、窗、箱、匣、信笺、信封等物，求其纵横尺度的比较；二是装置，剪纸为纵横两画，令多数人以横画置直画上，成十字，求其所制地位之高下；三是选择，制各种方形，自正方形始，次列各种不同之长方形，令多数人选取之，看何式为最多数。其结果均以合于截金术之比例者为多。

其后，冯德与摩曼继续试验，或对于色，或对于声，或对于文学及较为复杂之美术品，虽亦得有几许之成绩，然问题复杂，欲凭业经实验的条件而建设归纳法的美，时期尚早。所以现在治美学的，尚不能脱离哲学的范围。

费希耐于创设前述试验法外，更于所著自下而上的美学中，说明美感的条件有六：

第一，美感之阈。心理学上本有意识阈的条件，凡感触太弱的，感官上不生何等影响。美感也是这样，要引起美感的，必要有超乎阈上的印象。例如，微弱的色彩与声音、习见习闻的装饰品，均不足以动人。

第二，美的助力。由一种可以引起美感的对象，加以不相反而相成的感印，则美感加强。例如，徒歌与器乐，各有美点，若于歌时以相当的音乐配起来，更增美感。

第三，是复杂而统一。这是希腊人已往发见的条件，费氏经观察与试验的结果，也认为重要的条件。统一而太简单，则乏味；复杂而不相联属，则讨厌。

第四，真实。不要觉得有自相冲突处，如画有翼的天使，便要是能飞的翼。

第五，是明白。对于上面所说的条件，在意识上很明白地现出来。

第六，是联想。因对象的形式与色彩，而引起种种记忆中的关系，互相融和。例如，见一个意大利的柑子，形式是圆的，色彩是黄的，这固然是引起美感的了；然而若联想到他的香味，与他在树上时衬着暗绿的叶，并且这树是长在气候很好的地方，那就是增加了不少的美感。若把这个柑子换了一个圆而黄的球，就没有这种联想了。

从费希耐创设实验法以后，继起的不少。

惠铁梅氏（Lightner Witmer）把费氏用过的十字同方形，照差别的大小排列起来，让看的人或就相毗的两个比较，或就列上选择，说出那个觉得美，那个觉得不美。这与费氏的让人随便选择不同了。他的结果，在十字上，两端平均的，不平均而按着截金术的比例的，觉得美；毗连着截金术的比例的，尤其毗连着平均的，觉得不美，觉得是求平均而不得似的。在方形上，是近乎正方形与合于截金术比例的长方形，觉得美；与上两种毗连的觉得不美，而真正的正方形，也是这样（这是视觉上有错觉的缘故）。

射加尔（Jacob Segal）再退后一步，用最简单的直线来试验，直立的，横置的，各种斜倾的。看的人对于直立的，觉得是自身独立的样子；对于斜倾的，觉得是滑倒的样子，就引起快与不快的感情，这就是感情移入的关系。

科恩（J.Cohn）在并列的两个小格子上填染两种饱和的色彩，试验起来，是对称色并列的是觉得美的，并列着类似的色彩是觉得不美的。又把色彩与光度并列，或以种种不同的光度并列，也都是差度愈大的愈觉得美。但据伯开氏（Einma Baker）及基斯曼氏（A.Kirschmann）的修正，近于相对色的并列，较并列真正相对色觉得美一点。依马育氏（Major）及梯此纳氏（Titchener）的试验，并列着不大饱和的色彩觉得比很饱和的美一点。

韬氏（Thown）与白贝氏（Barber）用各种饱和程度不同的色与光度并列，试验后觉得红蓝等强的色，以种种浓淡程度与种种不同程度的灰色相配，是美的；黄绿等弱的，与各度的灰色并列，是不美的。

摩曼氏（Meumann）把并列而觉为不美的两色中间，选一种适宜的色彩，很窄的参在两色的中间，就觉得美观，这可以叫作媒介色。又就并列而不美的两色中，把一色遮住若干，改为较狭的，也可以改不美为美。

摩曼氏又应用在简单的音节上。在节拍的距离，是以四分之四与四分之三为引起快感的。又推而用之于种种的音与种种的速度。

雷曼（Alfred Lehmann）用一种表现的方法，就是用一种美感的激刺到受验的人，而验他的呼吸与脉搏的变动。马汀氏（Frnlein Martin）用滑稽的图画示人而验他的呼吸的差度。苏尔此（Rudolf Schulze）用十二幅图画，示一班学生，用照相机摄取他们的面部与身体不等的动状。

以上种种试验法，都是在赏鉴者一方面，然美感所涉，本兼被动、主动两方面。主动方面，即美术学著作的状况。要研究著作状况，也有种种方法。摩曼氏所提出的有七种：

（一）搜集著作家的自述

美术家对于自己的创作，或说明动机，或叙述经过，或指示目的。文学的自序，诗词的题目，图画的题词，多有此类材料。

（二）设问

对于美术家著作的要点，设为问题，征求各美术家的答案，可以补自述之不足。

（三）研究美术家传记

每一个人的特性、境遇，都与他的作品有关。以他一生的事实与他的作品相印证，必有所得。

（四）就美术品而为心理的分析

美术家的心理，各各不同，有偏重视觉的，有偏重听觉的，有偏于具体的事物的，有偏于抽象的概念的；有乐观的，有厌世的；可就一人的著作而详为分析，作成统计；并可就几人的统计而互相比较。例如，格鲁斯与他的学生曾从鞠台（Goethe）、希雷尔（Schiller）、莎士比亚（Shakespeare）、淮革内尔（Wagner）等著作中，作这种研究，看出少年的希雷尔，对于视觉上直观的工作，远过于少年的鞠台；而淮革内尔氏对于复杂的直观印象的工作，亦远过于鞠台。又有人以此法比较诗人用词的单复，看出莎士比亚所用的词，过于一万五千；而密尔顿（Milton）所用，不及其半。这种统计，虽然不过美术家特性的一小部分，然积累起来，就可以窥见他的全体了。

（五）病理上的研究

意大利病理学家龙伯罗梭（Lombroso）曾作一文，叫作《天才与病狂》。狄尔泰（Dilthey）也提出诗人的想象力与神经病。神经病医生瞒毗乌斯（P.J.Mobius）曾对于最大的文学家与哲学家为病理的研究，如鞠台、叔本华、卢梭、绥弗尔（Scheffel）、尼采等，均有病象可指。后来分别研究的，也很有许多。总之，出类拔萃的天才，他的精力既为偏于一方的发展，自然接近于神经异常的界线。所以病理研究，也是探求特性的一法。

（六）实验

自实验心理进步，有一种各别心理的试验，对于美术家，也可用这种方法来实验。例如，表象的方法，想象的能力对于声音或色彩或形式的记忆力，是否超越常人，是可以试验的。凡图画家与雕像家，常有一种偏立的习惯，或探求个性，务写现实；或抽取通性，表示范畴。我们可以用变换的方法来试验。譬如，第一次用一种对象，是置在可以详细观察的地位，使看的人没有一点不可以看到的，然后请他们描写出来。又一次是置在较远的地位，看的人只可以看到重要的部分，然后请他们描写。那么，我们就可以把各人两次的描写来比较：若是第一次描写得很详细，而第二次描写得粗略，那就是美术家的普通习惯；若是两次都描写得很详细，或两次都描写得很粗略，那就是偏于特性的表现了。

（七）自然科学的方法

用进化论的民族学的比较法，来探求创造美术的旨趣。我们从现在已发达的美术，一点点地返溯上去，一直到最幼稚的作品，如前史时代的作品，如现代未开化人的作品，更佐以现代儿童的作品。于是美术的发生与进展，且纯粹美感与辅助实用的区别，始有比较讨论的余地。

上述七种方法，均为摩曼氏所提出。合而用之，对于美术家工作的状况，应可以窥见概略。

1921 年秋

美学的趋向

一 主义

在美学史上，各家学说，或区为主观论与客观论两种趋向。但美学的主观与客观，是不能偏废的。在客观方面，必须具有可以引起美感的条件；在主观方面，又必须具有感受美的对象的能力。与求真的偏于客观，求善的偏于主观，不能一样。试举两种趋向的学说，对照一番，就可以明白了。

美学的先驱，是客观论，因为美术上著作的状况，比赏鉴的心情是容易研究一点，因为这一种研究，可以把自然界的实体作为标准。所以，客观论上常常缘艺术与实体关系的疏密，发生学说的差别。例如，自然主义，是要求艺术与实体相等的；理想主义，是要求艺术超过实体的；形式主义，想象主义，感觉主义，是要求艺术减杀实体的。

自然主义并不是专为美术家自己所倚仗的，因为美术家或者并不注意于把他所感受的照样表示出来；而倒是这种主义常为思想家所最易走的方向。自然主义，是严格的主张美术要酷肖实体的。伦理学上的乐天观，本来还是问题；抱乐天观的，把现实世界作为最美满的，就能把疏远自然的游艺，不必待确实的证据就排斥掉么？自然主义与乐天观的关系，是一方面，与宗教信仰的关系，又是一方面。若是信世界是上帝创造的，自然是最美的了；无怪乎艺术的美，没有过于模仿自然的了。

这种世界观的争论，是别一问题。我们在美学的立足点观察，有种种对于自然主义的非难：第一，把一部分的自然很忠实地写出来，令人有一种不关美学而且与观察原本时特殊的情感。例如逼真的蜡人，引起惊骇，这是非美学的，而且为晤见本人时所没有的。第二，凡是叫作美术，总比实体要减杀一点。例如风景画，不能有日光、喧声、活动与新鲜的空气。蜡人的面上、手上不能有脂肪。石膏型的眼是常开的；身体上各部分容量的变动与精神的经历是相伴的，决不能表示。又如我们看得到的骚扰不安的状态，也不是美术所能写照的。第三，我们说的类似，决不是实物的真相。例如滑稽画与速写画，一看是很类似对象的，然而决不是忠实的描写。滑稽画所写的是一小部分的特性；速写是删去许多应有的。我们看一幅肖像，就是美术家把他的耳、鼻以至眼睛，都省略了，而纯然用一种颜色的痕迹代他们，然而我们还觉得那人的面貌，活现在面前。各派的画家，常常看重省略法。第四，再最忠实的摹本，一定要把美术家的个性完全去掉，这就是把美术的生命除绝了。因为美术家享用，是于类似的娱乐以外，还有一种认识的愉快同时并存的。

然而自然主义的主张，也有理由。一方面是关乎理论的，一方面是关乎实际的。在理论方面，先因有自然忠实与实物模拟的更换。在滑稽画与速写画上已看得出自然印象与实物模拟的差别。这种不完全或破碎的美术品，引出对于"自然忠实"语意的加强。然自然主义家若说是自然即完全可以用描写的方法重现出来，是不可能的事。不过美术上若过于违异自然，引起一种"不类"的感想，来妨害赏鉴，这是要避免的。

自然主义所依据的，又有一端，就是无论什么样理想高尚的美术品，终不能不与生活状况有关联。美术上的材料，终不能不取资于自然。然而这也不是很强的论证。因为要制一种可以满足美感的艺术，一定要把所取的材料，改新一点，如选择、增加或减少等。说是不可与经验相背，固然有一种范围，例如从视觉方面讲，远的物象，若是与近的同样大小，这自然是在图画上所见不到的。却不能因主张适合经验而说一种美术品必要使看的、听的或读的可以照样去实行。在美术上，常有附翼的马与半人半马的怪物，固然是用实物上所有的材料集合起来的；然而美术的材料，决不必以选择与联结为制限；往往把实现的事物，参错改变，要有很精细的思路，才能寻着他的线索。如神话的、象征的美术，何尝不是取材于经验，但不是从迹象上看得的。

自然主义对于外界实物的关系，既然这样，还要补充一层，就是他对于精神的经历，一定也应当同等地描写出来。然而最乐于实写感情状况的，乃正是自然主义的敌手。抒情诗家，常常把他的情感极明显而毫无改变地写出来，他的与自然主义，应当比理想主义还要接近一点了。这么看来，自然主义，实在是一种普遍的信仰，不是一种美术家的方向。这个区别是很重要的。在美术史上，有一种现象，我们叫作自然主义的样式，单是免除理论的反省时，才可以用这个名义。核实的讲起来，自然主义，不过是一种时期上侵入的实际作用，就是因反对抽象的观念与形式而发生的。他不是要取现实世界的一段很忠实的描写，而在提出一种适合时代的技巧。因为这以前一时期的形式，显出保守性，是抽象的，失真的；于是乎取这个旧时代的美所占之地位，而代以新时代的美，就是用"真"来攻击"理想狂"。人类历史上常有的状况，随着事物秩序的变换而文化界革新，于是乎发见较新的价值观念与实在的意义，而一切美术，也跟着变动。每个美术家目睹现代的事物，要把适合于现代的形式表白出来，就叫作自然派。这种自然派的意义，不过是已死的理想派的敌手。凡是反对政府与反对教会的党派，喜欢用唯物论与无神论的名义来制造空气；美术上的反对派，也是喜欢用自然主义的名义，与他们一样。

从历史上看来，凡是自然派，很容易选择到丑怪与鄙野的材料。这上面第一个理由，是因为从前的美术品，已经把许多对象尽量地描写过了，而且或者已达到很美观的地步了。所以，在对待与独立的情感上，不能不选到特殊的作品。第二个理由，是新发明的技巧，使人驱而于因难见巧的方向，把不容易着手的材料，来显他的长技。这就看美术家的本领，能不能把自然界令人不快的内容，改成引起快感的艺术。自然是无穷的，所以能把一部分不谐适的内容调和起来。美术上所取的，不过自然的一小片段，若能含有全宇宙深广的意义，那就也有担负丑怪的能力了。

在这一点上，与自然派最相反对的，是理想派。在理想派哲学上，本来有一种假定，就是万物的后面，还有一种超官能的实在；就是这个世界不是全从现象构成，还有一种理性的实体。美学家用这个假定作为美学的立足点，就从美与舒适的差别上进行。在美感的经历上，一定有一种对象与一个感受这对象的"我"，在官觉上相接触而后起一种快感。但是这种经历，是一切快感所同具的。我们叫作美的，一定于这种从官能上传递而发生愉快的关系以外，还有一点特别的；而这个一定也是对象所映照的状况。所以美术的意义，并不是摹拟一个实物；而实在把很深的实在，贡献在官能上；而美的意义，是把"绝对"现成可以观照的形式，把"无穷"现在"有穷"上，把理想现在有界的影相上。普通经验上的物象，对于他所根据的理想，只能为不完全的表示；而美术是把实在完全呈露出来。这一派学说上所说的理想，实在不外乎一种客观的普通的概念，但是把这个概念返在观照上而后见得是美。他的概念，不是思想的抽象，而是理想所本有的。

照理想派的意见，要在美术品指出理想所寄托的点，往往很难。有一个理想家对于静物画的说明，说："譬如画中有一桌，桌上有书，有杯，有卷烟匣等等。若书是合的，杯是空的，匣是盖好的，那就是一幅死的画。若是画中的书是翻开的，就是仅露一个篇名，看画的人，也就读起来了。"这是一种很巧妙的说明。然而，美术家神妙的作品，往往连自己都说不出所以然。Philipp Otto Runge 遇着一个人，问他所以画日时循环表的意义，他对答道："设使我能说出来，就不用画了。" Mendelssohn 在一封信里面说："若是音乐用词句说明，他就不要再用乐谱的记号了。"

真正美术品，不能从抽象的思想产出。他的产出的机会，不是在思想的合于论理，而在对于激刺之情感的价值。理想固然是美术上所不可缺的，然而他既然凭着形式、颜色、声音表示出来，若是要理解他，只能靠着领会，而不能靠着思想。在实际的内容上，可以用概念的词句来解释。然而，美术品是还有一点在这个以外的，就是属于情感的。

注重于情感方面的是形式派。形式派的主张，美术家所借以表示的与赏鉴的、所以受感动的，都不外乎一种秩序，就是把复杂的材料，集合在统一的形式上。美学的了解，不是这是什么的问题，而是这是怎样的问题。在理想派，不过把形式当作一种内容的记号；而形式派，是把内容搁置了。不但是官能上的感觉，就是最高的世界观，也置之不顾。他们说，美是不能在材料上求得的，完全在乎形式与组合的均适，颜色与音调的谐和。凡有一个对象的各部分，分开来，是毫没有美学上价值的。等到连合起来了，彼此有一种关系了，然后发生美学上价值的评判。

要是问形式派，为什么有一种形式可以生快感，而有一种不能？普通的答案，就是以明了而易于理解的为发生快感的条件。例如，谐和的音节有颤动数的关系；空间部分要均齐地分配；有节奏变拍要觉得轻易地进行，这都是可以引起快感而与内容没有关系的。

但是，这种完全抽象的理论，是否可以信任，是一问题。例如复杂而统一，是形式上最主要的条件；但是，很有也复杂而也统一的对象，竟不能引起快感的，这是什么缘故？一种形式与内容的美术品，要抽取他一部分，而使感觉上毫不受全体的影响，是不可能的事；各部分必不免互相映照的。

形式论是对于实物的全体而专取形式一部分，是数量的减杀；又或就实物的全体而作程度的减杀，这是专取影相的幻想派。他以为现实世界的影相是美术上惟一的对象，因为影相是脱去艰难与压迫，为无穷的春而不与自然的苛律生关系。美的对象，应当对于生活的关系，毫没有一点顾虑，而专对于所值的效为享用。我们平常看一种实物，一定想到他于我有什么用处，而且他与其他实物有何等关联，而在美的生活上要脱去这两种关系。我们的看法，不是为我们有利益，也不是为与他物有影响。他把他的实际消灭了而只留一个影相。由影相上所发生之精神的激刺，是缺少意志作用的。所以在享用的精神上发生情感，有一点作用而比实际上是减杀了。这种影相，较之实际上似乎减杀，而在评判上，反为加增，因为我们认这影相的世界为超过实际而可爱的理想世界。

这种影相论，一转而为美的感觉论，就更为明了。因为影相论的代表，于美的独立性以外，更注重于感受的作用。他不但主张美的工作有自己的目的，而且主张从美的对象引起自己的快感以后，就能按照所感受的状况表示出来。凡人对于所感受的状况，常常觉得是无定的，而可以任意选择；一定要渡到概念上，才能固定。然而一渡到概念的固定，就是别一种的心境，把最初的观照放弃了。现在就有一问题，是不是最初的观照，也可以增充起来，到很清楚很安静的程度？感觉论者说是可以的，就凭寄在美术上。美术是把观照上易去的留住了，流动的固定了，一切与观照连带的都收容了，构成一种悠久的状况。凡是造形美术，都是随视觉的要求而能把实物上无定的形式与色彩之印象，构成有定的实在。例如造像家用大理石雕一个人的肖像，他从那个人所得来的，不过形式；而从材料上所得的，不过把所见的相可以到稳定表示的程度。

每一种造形美术，一定要有一个统一的空间；像人的视觉，虽远物，也在统一的空间上享受的。在画家，必须从他的视域上截取一部分，仿佛于四周加一边框的样子；而且觑定一个空间的中心点；并且他所用的色彩，也并不是各不相关的点块，而有互相映照的韵调。他们从远近物相的感受与记忆的表象，而得一空间的色彩的综合，以形为图画的。在概念的思想家，从现实的屡变之存在形式上，行抽象作用，得到思想形式；而美术家，从静静儿变换而既非感受所能把捉，也非记忆所能固定的影相上，取出观照的普遍的美术形式。他们一方面利用自然界所传递的效力而专取他的形式，用为有力的表示；一方面又利用材料的限制，如画板只有平面，文石只有静相等，而转写立体与动状，以显他那特殊的技巧。

在这种理论上，已不仅限于客观方面，而兼涉主观问题。因为我们所存想的事物，虽不能没有与表象相当的客体，而我们所感受的声音或色彩，却不但物理的而兼为心理的。所以从感受方面观察，不但不能舍却主观，而实融合主、客为一体。这种融合主、客的见解，在美学上实有重大意义。现在我们可以由客观论而转到主观论方面了。

主观派的各家，除感情移入论等一二家外，大多数是与客观派各派有密切关系的。客观派中的影相论，尤是容易引入主观派的。他的问题：意识上哪一种的状况是可以用影相来解决的？他的答案：是脱离一切意志激动的。这就是"没有利益关系的快感"与"不涉意志的观点"等理论所演出的。这一种埋论，是把美的享用与平常官体的享用，分离开来。官能的享受，是必要先占有的，例如，适于味觉的饮食，适于肤觉的衣料，适于居住的宫室等。美的享用，完全与此等不同。是美的感动与别种感动不但在种类上、而且在程度上不同。因为美的感动，是从人类最深处震荡的，所以比较的薄弱一点。有人用感觉的与记忆的两种印象来证明。记忆的印象，就是感觉的再现，但是远不如感觉的强烈，是无可疑的。美的情感，是专属于高等官能的印象，而且是容易移动的样子。他的根基上的表象，是常常很速的经过而且很易于重现；他自己具有一种统一性，而却常常为生活的印象所篡夺，而易于消失。因为实际的情感，是从经验上发生，而与生活状况互相关联为一体；理想的情感，乃自成为一世界的。所以持久性的不同，并不是由于情感的本质，而实由于生活条件的压迫，就是相伴的环境。我们常常看到在戏院悲剧的末句方唱毕，或音乐场大合奏的尾声方颤毕，而听众已争趋寄衣处，或互相谐谑，或互相争论，就毫没有美的余感了。我们不能说这种原因就在影相感情上，而可以说是那种感情，本出于特别的诱导，所以因我们生活感想的连续性审入而不能不放弃。

还有一种主观上经历的观察，与影相论相当的，是以影相的感情与实际的感情为无在不互相对待的。古代美学家本有分精神状况为两列，以第一列与第二列为同时平行的，如 Fichte 的科学论，就以这个为经验根本的。现代的 Witaseks 又继续这种见解。他说心理事实的经过，可分作两半；每一经过，在这半面的事实，必有一个照相在那半面。如感觉与想象，判断与假定，实际的感情与理想的感情，严正的愿望与想象的愿望都是。假定不能不伴着判断，但是一种想象的判断，而不是实际的。所以在假定上的感情，是一种影相的感情，他与别种感情的区别，还是强度的减杀。这一种理论上，所可为明显区别的，还是不外乎实际感情与影相感情，就是正式的感情与想象的感情。至于判断与假定的对待说，很不容易贯彻。因为想象的感情，也常常伴着判断，并不是专属于假定。当着多数想象的感情发生的机会，常把实物在意识上很轻松地再现，这并非由知识的分子而来。而且在假定方面，也很有参入实际感情的影响的。快与不快，就是在假定上，也可以使个人受很大的激刺，而不必常留在想象的、流转的状况。所以，我们很不容易把想象感情分作互相对待的两种。因为我们体验心理的经过，例如在判断上说，这个对象是绿的；在假定上说，这对象怕是绿的。按之认识论，固然不同，而在心理上，很不容易指出界限来。

影相感情的说明，还以感觉论的影相说为较善，因为彼是以心理状况为根据的。我们都记得，美术品的大多数，只能用一种觉官去享受他，很少有可以应用于多种觉官的。若实物，就往往可以影响于吾人全体的感态。例如一朵蔷薇花，可以看，可以摸，可以嗅，可以味，可以普及于多数觉官，这就是实物的特征。然而一朵画的蔷薇花，就只属于视觉，这就是失掉实物的特性了。我们叫作影相的，就是影响于一种觉官，而不能从他种觉官上探他的痕迹。他同小说上现鬼一样，我们看到他而不能捉摸，我们看他进来了，而不能听到他的足音；我们看他在活动，而不能感到空气的振动。又如音乐，是只可以听到，或可以按着他的节拍而活动，而无关于别种觉官。这些美术的单觉性，就可以证明影相的特性。这种影相的单觉性与实物的多觉性相对待，正如镜中假象与镜前实体之对待，也就如想象与感觉的对待。感觉是充满的，而想象是抽绎的。譬如我想到一个人，心目上若有他面貌的一部分，或有他一种特别的活动，决不能把他周围的状况都重现出来，也不能听到他的语音。在想象上，就是较为明晰的表相，也比较最不明晰的感觉很简单，很贫乏。

在客观论上，影相论一转而为幻想论。幻想的效力，是当然摄入于精神状态的。而且，这种状态的发生，是在实物与影相间为有意识的自欺，与有意向的继续的更迭。这种美的享受，是一种自由的有意的动荡在实在与非实在的中间。也可以说是不绝的在原本与摹本间调和的试验。我们若是赏鉴一种描写很好的球，俄而看作真正的球，俄而觉得是平面上描写的。若是看一个肖像，或看一幅山水画，不作为纯粹的色彩观，也不作为真的人与山水观，而是动荡于两者的中间。又如在剧院观某名伶演某剧的某人，既不是执着于某伶，也不是真认为剧本中的某人，而是动荡于这两者的中间。在这种情状上，实际与影相的分界，几乎不可意识了。是与否、真与假、实与虚的区别，是属于判断上，而不在美的享用上的。

美的融和力，不但泯去实际与影相的界限，而且也能泯去外面自然与内面精神的界限，这就是感情美学的出发点。感情美学并不以感情为只是主观的状态，而更且融入客观，正与理想派哲学同一见解。照 Fichte 等哲学家的观察，凡是我们叫作客观的事物，都是由"我"派分出去的。我们回溯到根本上的"我"，就是万物皆我一体。无论何种对象，我都可以游神于其中，而重见我本来的面目，就可以引起一种美的感情，这是美学上"感情移入"的理论。这种理论，与古代拟人论（Anthropomorphismus）的世界观，也是相通的。因为我们要了解全世界，只要从我们自身上去体会就足了。而一种最有力的通译就是美与美术的创造。希腊神话中，有一神名 Narkissos，是青年男子，在水里面自照，爱得要死。正如冯小青"对影自临春水照，卿须怜我我怜卿"一样。在拟人论的思想，就是全自然界都是自照的影子。Narkissos 可以算是美术家的榜样的象征。在外界的对象上，把自己的人格参进去，这就是踏入美的境界的初步。所以，美的境界，从内引出的，比从外引进的还多。我们要把握这个美，就凭着我们精神形式的生活与发展与经过。

最近三十年，感情移入说的美学，凭着记述心理学的助力，更发展了。根本上的见解，说美的享受在自己与外界的融和，是没有改变。但说明"美的享受"所以由此发生的理由，稍稍脱离理想哲学与拟人论的范围。例如 R.Vischer 说视觉的形式感情，说我们忽看到一种曲线，初觉很平易地进行，忽而像梦境的郁怒，忽而又急遽地继续发射。又如 Karl du Prel 说抒情诗的心理，说想象的象征力，并不要把对象的外形，作为人类的状态；只要有可以与我们的感想相应和的，就单是声音与色彩，也可以娱情。诗人的妙想，寄精神于对象上，也不过远远地在人类状况上想起来的。较为明晰的，是 H.Lotze 的说音乐。他说我们把精神上经过的状况移置在音乐上，就因声音的特性而愉快。我们身上各机关的生长与代谢，在无数阶级的音程上，从新再现出来。凡有从一种意识内容而移到别种的变化，从渐渐儿平滑过去的而转到跳越的融和，都在音乐上从新再现出来。精神上时间的特性，也附在声音上。两方的连合是最后的事实的特性。若是我的感态很容易地在音乐的感态上参入去，那就在这种同性与同感上很可以自娱了。我们的喜听音乐，就为他也是精神上动作的一种。

在各家感情移入说里面，以 Theodor Lipps 为最著名。他说感情移入，是先用类似联想律来解释音节的享受。每种音节的分子或组合，进行到各人的听觉上，精神上就有一种倾向，要照同样的节奏进行。精神动作的每种特别节奏，都向着意识经过的总体而要附丽进去。节奏的特性，有轻松，有严重，有自由，有连带，而精神的经过，常能随意照他们的内容为同样的振动。在这种情形上，就发生一种个人的总感态，与对象相应和。因为他是把所听的节奏誊录过来，而且直接的与他们结合。照 Lipps 的见解，这种经过，在心理学上的问题，就是从意识内容上推论无意识的心理经过与他的效力，而转为可以了解的意识内容。若再进一步，就到玄学的范围。Fichte 对于思想家的要求，是观察世界的时候，要把一切实物的种类都作人为观；而 Lipps 就移用在美的观赏上；一切静止的形式，都作行动观。感情移入，是把每种存在的都变为生活，就是不绝的变动。Lipps 所最乐于引证的，是简单的形式。例如对一线，就按照描写的手法来运动，或迅速地引进而抽出，或不绝地滑过去。但是，对于静止的线状，我们果皆作如是观么？设要作如是观，而把内界的经过都照着线状的运动，势必以弧曲的蜿蜒的错杂的形式，为胜于径直的正角的平行的线状了。而美的观赏上，实不必都变静止为活动，都把空间的改为时间的。例如一幅图画的布置，若照横面安排的，就应用静止律。又如一瞥而可以照及全范围的，也自然用不着运动的作用。

　　Lipps 分感情移入为二种：一积极的，一消极的。积极的亦名为交感的移入，说是一种自由状况的快感。当着主观与客观相接触的时候，把主观的行动融和在客观上。例如对于建筑的形式上，觉得在主观上有一种轻便的游戏，或一种对于强压的抵消，于是乎发生幸福的情感。这种幸福的情感，是一种精神动作的结局。至于美的对象，是不过使主观容易达到自由与高尚的精神生活就是了。依 Volkelt 的意见，这一种的主观化，是不能有的，因为感情移入，必要把情感与观点融和起来；而对象方面，也必有相当的状况，就是内容与形式的统一。且 Lipps 所举示的，常常把主观与客观作为对谈的形式，就是与外界全脱关系，而仅为个人与对象相互的关系；其实，在此等状况上，不能无外界的影响。

据 EmmaV.Ritook 的报告，实验的结果，有许多美感的情状，并不含有感情移入的关系。就是从普通经验上讲，简单的饰文，很有可以起快感的，但并不待有交感的作用。建筑上如峨特式寺院、罗科科式厅堂等，诚然富有感态，有代表一种精神生活的效力；然如严格的纪念建筑品，令我们无从感入的，也就不少。

至于 Lipps 所举的消极的感情移入，是指不快与不同感情的对象，此等是否待感情移入而后起反感，尤是一种疑问。

所以，感情移入的理论，在美的享受上，有一部分可以应用，但不能说明全部，存为说明法的一种就是了。

二　方法

十九世纪以前，美学是哲学的一部分，所以种种理论，多出于哲学家的悬想。就中稍近于科学的，是应用心理学的内省法。美术的批评与理论，虽间有从归纳法求出的，然而还没有一个著美学的，肯应用这种方法，来建设归纳法的美学。直到一八七一年，德国 Gustav Theodor Fechner 发表《实验美学》(*Zum experimentalen sthetik*) 论文，及一八七六年发表《美学的预备》(*Vors chule der sthetik*) 二册，始主张由下而上的方法（归纳法），以代往昔由上而下的方法（演绎法）。他是从 Adolf Zeising 的截金法着手试验。而来信仰此法的人，就以此为美学上普遍的基本规则。不但应用于一切美术品，就是建筑的比例，音乐的节奏，甚而至于人类及动、植、矿物的形式，都用这种比例为美的条件。他的方法，简单的叙述，就是把一条线分作长短两截，短截与长截的比例，和长截与全线的比例，有相等的关系；用数目说明，就是五与八、八与十三、十三与二十一等等。F氏曾量了多数美观的物品，觉得此种比例，是不能确定的。他认为，复杂的美术品，不必用此法去试验；只有在最简单的形式，如线的部分，直角、十字架、椭圆等等，可以推求；但也要把物品上为利便而设的副作用，尽数摆脱，用纯粹美学的根本关系来下判断。他为要求出这种简单的美的关系起见，请多数的人，把一线上各段的分截，与直角形各种纵横面的广狭关系上，求出最美观的判断来，然后列成统计。他所用的方法有三种：就是选择的，装置的，习用的。第一种选择法，是把各种分截的线，与各种有纵横比例的直角形，让被试验者选出最美的一式。第二种装置法，是让人用限定的材料，装置最感为美观的形式。例如装置十字架，就用两纸条，一为纵线，一为横线，置横线于纵线的那一部分，觉得最为美观，就这样装置起来。第三的习用法，是量比各种习用品上最简单的形式。F氏曾试验了多种，如十字架、书本、信笺、信封、石板、鼻烟壶、匣子、窗、门、美术馆图画、砖、科科糖等等，凡有纵横比例的，都列出统计。他的试验的结果，在直角形上，凡正方及近乎正方的，都不能起快感；而纵横面的比例，适合截金法，或近乎此法的，均被选。在直线上，均齐的，或按截金法比例分作两截的，也被选。在十字架上，横线上下之纵线，为一与二之比例的被选。其余试验，F氏未尝发表。

　　F氏此种方法，最先为Wimdt氏心理实验室所采用。此后研究的人，往往取F氏的成法，稍加改良。Lightner Witmer仍取F氏所已经试验的截线与直角形再行试验，但不似F氏的随便堆积，让人选择；特按长短次序，排成行列。被试验的人，可以一对一地比较；或一瞥全列，而指出最合意的与最不合意的。而且，他又注意于视官的错觉，因为我们的视觉，对于纵横相等的直角形，总觉得纵的方面长一点；对于纵线上下相等的十字架，总觉得上半截长一点。F氏没有注意到这种错觉，W氏新提出来的。W氏所求的结果：线的分截，是平均的，或按截金法比例的与近乎截金法比例的，均当选；独有近似平均的，最引起不快之感，因为人觉得是求平均而不得的样子。在直角形上，是近乎正方的，或按照截金法比例的，或近乎截金法比例的，均当选；而真的正方形，却起不快之感。

Jacob Segal 又把 W 氏的法，推广一点。他不但如 F 氏、W 氏的要求得美的普通关系，并要求出审美者一切经过的意识。F 氏、W 氏对于被试验者的发问，是觉得线的那一种方面的关系，或分截的关系，是最有快感的。S 氏的发问，是觉得那一种关系是最快的，那一种是不很快的，那一种是不快的，那一种是在快与不快的中间的。这样的判断，是复杂得多了。而且，在 F 氏、W 氏的试验法，被试验人所判断的，以直接作用为限；在 S 氏试验法，更及联想作用，因为他兼及形式的表示。形式的表示，就与感情移入的理论有关系。所以，F 氏、W 氏的试验法，可说是偏重客观的；而 S 氏的试验法，可说是偏重主观的。

S 氏又推用此法于色彩的排比，而考出色彩上的感情移入，与形式上的不同，因为色彩上的感入，没有非美学的联想参入的。

S 氏又用 F 氏的旧法，来试验一种直线的观察。把一条直线演出种种的姿势，如直立、横放与各种斜倚等，请被试验者各作一种美学的判断。这种简单的直线，并没有形学上的关系了；而美学的判断，就不外乎感情移入的作用。如直立的线，可以有坚定或孤立之感；横放的线，可以有休息或坠落之感；一任观察的人发布他快与不快的感情。

J.Cohn 用 F 氏的方法，来试验两种饱和色度的排比，求得两种对待色的相毗是起快感的；两种类似色的相毗，是感不快的。而且用色度与明度相毗（明度即白、灰、黑三度），或明度与明度相毗，也是最强的对待，被选。Chown P.Barber 用饱和的色度与不饱和的色度与黑、白等明度相毗，试验的结果，强于感人的色度，如红、蓝等，用各种饱和度配各种灰度，都是起快感的。若弱于感人的色度，如黄、绿等，配着各种的灰度，是感不快的。

Meumann 又用别的试验法，把相毗而感不快的色度，转生快感；就是在两色中间加一别种相宜色度的细条；或把两色中的一色掩盖了几分，改成较狭的。

Meumann 又用 F 氏的装置法，在音节上试验，用两种不同的拍子，试验时间关系上的快感与不快感。

Munstenberg 与 Pierce 试验空间的关系，用均齐的与不均齐的线，在空间各种排列上，有快与不快的不同。Stratton 说是受眼睛运动的影响。Kulpe 与 Gordon 曾用极短时间，用美的印象试验视觉，要求出没有到"感情移入"程度的反应。Max Major 曾用在听觉上，求得最后一音，以递降的为最快。

以上种种试验法，可说是印象法，因为都是从选定的美的印象上进行的。又有一种表现法，是注重在被试验人所表示的状况的。如 Alfred Lehmann 提出试验感情的方法，是从呼吸与脉搏上证明感情的表现。Martin 曾用滑稽画示人而验他们的呼吸。

Rudolf Shulze 曾用十二幅不同性质的图画，示多数学生，而用照相机摄出他们看画时的面貌与姿势；令别人也可以考求何种图画与何种表现的关系。

据 Meumann 的意见，这些最简单的美的印象的试验，是实验美学的基础，因为复杂的美术品，必参有美术家的个性；而简单印象，却没有这种参杂。要从简单印象上作完备的试验，就要在高等官能上，即视觉听觉上收罗各种印象（在节奏与造像上也涉及肤觉与运动）。在视觉上，先用各种简单的或组合的有色的与无色的关系；次用各种简单的与组合的空间形式；终用各种空间形式与有色、无色的组合。在听觉上，就用音的连续与音的集合；次用节奏兼音的连续的影响。在这种简单印象上，已求得普遍的成绩，然后可以推用于复杂的美术品。

以上所举的试验法，都是在美的赏鉴上着想。若移在美的创造上，试验较难，然而 Meumann 氏也曾提出各种方法。

第一，是收集美术家关系自己作品的文辞，或说他的用意，或说他的方法，或说他所用的材料。在欧洲美术家、文学家的著作，可入此类的很多。就是中国文学家、书家、画家，也往往有此等文章，又可于诗题或题画诗里面摘出。

第二，是把美术品上有关创造的几点，都提出来，列成问题，征求多数美术家的答复。可以求出他们各人在自己作品上，对于这几点的趋向。

第三，是从美术家的传记上，求出他关于著作的材料。这在我们历史的文苑传、方技传与其他文艺家传志与年谱等，可以应用的。

第四，是从美术家著作上作心理的解剖，求出他个人的天才、特性、技巧与其他地理与时代等等关系。例如文学家的特性，有偏重观照的，就喜作具体的记述。有偏重悬想的，就喜作抽象的论说。有偏于视觉的，有偏于听觉的，有视觉、听觉平行的。偏于视觉的，就注重于景物的描写；偏于听觉的，就注重于音调的谐和。Karl Groos 曾与他的弟子研究英、德最著名的文学家的著作。所得的结果，Schiller 少年时偏于观照，远过于少年的 Goethe；Wagner 已有多数的观点，也远过于 Goethe。又如 Shakespeare 的著作，所用单字在一万五千以上，而 Milton 所用的，不过比他的半数稍多一点。这种研究方法，在我们的诗文集详注与诗话等，颇有近似的材料，但是没有精细的统计与比较。

第五，是病理学的参考。这是从美术家疾病上与他的特殊状态上，求出与天才的关系。意大利病理学家 Lombroso 曾于所著的《天才与狂疾》中，提出这个问题。近来继续研究的不少。德国撒克逊邦的神经病医生 P.Y.Mobius 曾对于文学家、哲学家加以研究：如 Goethe，Schopenhauer，Rousseau，Schiller，Nietzsche 等，均认为有病的征候，因而假定一切非常的天才，均因有病性紧张而驱于畸形的发展。这种假定，虽不免近于武断，然不能不认为有一种理由。其他如 Lombard 与 Lagriff 的研究 Maupassant，Segaloff 的研究 Dostojewsky，也是这一类。我们历史上，如祢衡的狂，顾恺之的痴，徐文长、李贽、金喟等异常的状态，也是有研究的价值的。

第六，是以心理学上个性实验法应用于美术家的心理。一方面用以试验美术家的天才，一方面用以试验美术家的技巧。如他们表象的模型，想象力的特性，记忆力的趋向，或偏于音乐，或偏于色相；观察力的种类，或无心的，或有意的；他们对于声音或色彩或形式的记忆力，是否超越普通人的平均度？其他仿此。

图画家、造像家技术上根本的区别，是有一种注意于各部分忠实的描写与个性的表现，又有一种注意于均度的模型。

有一试验法，用各种描写的对象，在不同的条件上，请美术家描写：有一次是让他们看过后，从记忆中写出来；有一次是置在很近的地位，让他们可以详细观察的；有一次是置在较远的地位，让他们只能看到大概。现在我们对于他们所描写的，可以分别考核了。他们或者无论在何种条件下，总是很忠实地把对象详细写出来，或者因条件不同而作各种不同的描写；就可以知道前者偏于美术上的习惯，而后者是偏于天赋了。

第七，是自然科学的方法，就是用进化史与生物学的方法，而加以人类学与民族心理学的参考。用各时代、各地方、各程度的美术来比较，可以求出美术创造上普遍的与特殊的关系。且按照 Hackel 生物发生原理，人类当幼稚时期，必重演已往的生物史，所以儿童的创造力，有一时直与初民相类。取儿童的美术，以备比较，也是这种方法里面的一端。

1921 年秋

美学的对象

一　对象的范围

一讲到美学的对象，似乎美高、悲剧、滑稽等等，美学上所用的静词，都是从外界送来，不是自然，就是艺术。但一加审核，就知道美学上所研究的情形，大部分是关乎内界生活的，我们若从美学的观点，来观察一个陈设的花瓶，或名胜的风景，普通的民谣，或著名的乐章，常常要从我们的感触、情感、想象上去求他关联的条件。所以，美学的对象，是不能专属客观，而全然脱离主观的。

美术品是美学上主要的对象，而美术品被选于美术家，所以，美术家心理的经过，即为研究的对象。美术家把他的想象寄托在美术品上，在他未完成以前，如何起意？如何进行？虽未必都有记述，然而，我们可以从美术品求出他痕迹的，也就不少。

美术家的著作与赏鉴者的领会，自然以想象为主。然而美的对象，却不专在想象中，而与官能的感觉相关联。官能感觉，虽普通分为五种，而味觉、肤觉、臭觉，常为美学家所不取。味觉之文，于美学上虽间被借用，如以美学为味学（Gerhmackolehe），以美的评判为味的评判（Gerhmackurteil）等。吾国文学家也常有趣味、兴味、神味等语，属于美学的范围。但严格讲起来，这种都是假借形容，不能作为证据。臭觉是古代宗教家与装饰家早知利用，寺院焚香与音乐相类，香料、香水与脂粉同功，赏鉴植物的也常常香色并称，然亦属于舒适的部分较多。至于肤觉上滑涩精粗的区别，筋力上轻重舒缩的等差，虽也与快与不快的感情有影响，但接近于美的分子，更为微薄。要之，味觉、肤觉均非以官能直接与物质相切，不生影响。臭觉虽较为超脱，但亦借极微分子接触的作用，所以号为较低的官能。而美学家所研究的对象，大抵属于视觉、听觉两种。例如色彩及空间的形式，声音及时间的继续，以至于观剧、读文学书。美学上种种问题，殆全属于视、听两觉。

美术中，如图画、音乐，完全与实用无关，固然不成问题。建筑于美观以外，尚有使安、坚固的需要。又如工艺美术中，或为衣服材料，或为日常用具，均有一种实际上应用的目的；在美学的眼光上，就不能不把实用的关系，暂行搁置，而专从美观的一方面，加以评判。

美学家间有偏重美术，忽视自然美的一派，Hegel 就是这样，他曾经看了 Grindwald 冰河，说是不外乎一种奇观，却于精神上没有多大的作用。然而美术的材料，大半取诸自然。我们当赏鉴自然美的时候，常觉有无穷的美趣，不是美术家所能描写的。就是说，我们这一种赏鉴，还是从赏鉴美术上练习而得，然而自然界不失为一种被赏鉴的资格，是无疑的。

反过来，也有一种高唱自然美、薄视艺术的一派，例如 Wilkelm Hernse 赏兰因瀑布的美，说无论 Tiziaen、Rubens、Vernonese 等，立在自然面前，只好算是最幼的儿童，或可笑的猿猴了。又如

Heinrich V.Salisch 作森林美学，曾说森林中所有的自然美，已经超过各种陈列所的价值不知若干倍，我们就是第一个美术院院长。当然，自然上诚有一种超过艺术的美；然而，艺术上除了声色形式，与自然相类以外，还有艺术家的精神，寄托在里面。我们还不能信这个自然界，是一个无形的艺术家所创造的；我们就觉得艺术上自有一种在自然美以外独立的价值。

人体的美，在静的方面，已占形式上重要地位。动的方面，动容出辞，都有雅、俗的区别。由外而内，品性的高尚与纯洁，便是美的一例。由个人的生活而推到社会的组织，或宁静而有秩序，或奋激而促进步，就是美与高的表现，这都不能展在美学以外的。

二 调和

声音与色彩，都有一种调和的配合。声音的调和，在自然界甚为罕遇；而色彩的调和，却常有的。声音的调和，当在别章推论，请先讲色彩的调和。

色彩的配置，有两种条件：一浓淡的程度，二是联合的关系。配置声音的，几乎完全自主；而配置色彩的，常不能不注意于自然的先例。有一种配合，或者在美的感态上，未必适宜；然而因在自然界常常见到的缘故，也就不觉得龃龉。而且因为色彩的感与实物印象的感，成为联想，就觉得按照实物并见的状况，是适当的。例如暗红与浓绿，似乎不适并置的；然而暗红的蔷薇与它那周围的绿叶，我们不知道看过多少次了，而我们不适的感觉，就逐渐磨钝了。若在别种实物的图画上，按照这种色彩配置起来，也必能与常见实物的记忆成为联想，而觉为可观。但若加以注意，使审察的意识，过于复验，就将因物体差别的观念阻碍欣赏；或者使前述的联想，不过成为一种随着感态的颤动而已。所以习惯的势力，不过以美术上实想自然物色彩的范围为限。

但是实写自然物，也有不能与自然物同一的条件。在自然上，常有一种微微变换的光度，助各种色彩的调和；在美术上就不能不注意于各种色彩的本体。照心理学实验的结果，知道纯是饱和的色彩，与用中性的灰色伴着的色彩，很有不同的影响。又知道鲜明闪烁的色彩，若伴着黯淡的、浑浊的光料，反觉美观；而伴着别种精细的色彩，转无快感。驳杂的色彩，是不调和的。钻石、珐琅、孔雀尾、烟火等等，光彩炫眼，不能说是不美，而不能算是调和。凡色彩的明度愈大，就是激刺人目的方面，转换愈多，而近于调和的程度就愈小。儿童与初民，所激赏的，是一种活泼无限的印象。

要试验色彩的调和，不可用闪烁的色彩；而色彩掩覆的平面，不可过小，也不可过大。过小就各色相毗，近于驳杂；过大就过劳目力，而于范围以外的地位，现出相对的幻色。又在流转的光线里面，判断也不容易正确。试验光度的影响，有一种简单的方法，用白纸剪成小方形，先粘在同色同形而较大的纸上；第二次，粘在灰色纸上；第三次，粘在黑色纸上。因周围光度的差别，而对于中间方格的白色，就有不同的感觉；画家可因此而悟利用光度的方法。

　　在自然界，于实物上有一种流动的光，也是美的性质。大画家就用各种色彩与光度相关的差次，来描写他，这就叫作色调。若画得不合法，就使看的人，准了光度，失了距离的差别；准了距离，而光相又复不存。欧洲最注意于这种状况的是近时的印象派。从前若比国的 Jan Van Eyck（1380—1440），荷兰的 Rembrandt（1606—1669），法国的 Watteau（1684—1721），英国的 Conotable（1776—1837），Turner（1775—1851），德国的 Bcklin（1827—1901），都是著名善用色调的画家。因为有这种种的关系，所以随举两种色彩，如红与绿，黄与蓝，红与蓝，合用起来，是美观的还是不美观的？几乎不能简单的断定。又在自然美与艺术美上，常常用三种色调，所以两种色调的限制，也觉得太简单。在现代心理学的试验，稍稍得一点结论。相对色的合用，能起快感的很少。我们所欣赏的，还是在合用相距不远的色度。我们看着相对色的合用，很容易觉得无趣味，或太锐利，就是不调和。这因为每一色的余象（Nachbclde），被相伴的色所妨害了。而且相对色的并列，一方面是因为后象的复现，独立性不足；一方面又因为相距太远，不能一致，所以不易起快感。所以，色彩的调和，或取差别较大的，使有互相映照的功用，而却不是相对色；或取相近的色彩，而配色的度，恰似加以光力或衬有阴影的原色，就觉得浓淡相间，更为一致。就一色而言，红色与明红及暗红相配，均为快感的引导。寻常用红色与暗红相配，在心理上觉得适宜，不似并用相对色的疲目。虽然不是用阴影，而暗红色的作用，恰与衬阴影于普通红色相等。

三　比例

比例是在一种美的对象上，全体与部分，或部分与部分，有一种数学的关系。听觉上为时间的经过，视觉上为空间的形式。除听觉方面，当于别章讨论外，就视觉方面讲起来，又有关于排列与关于界限的两种。

关于排列的，以均齐律为最简单。最均齐的形式，是于中线两旁，有相对的部分，它们的数目、地位、大小，没有不相等的。在动物的肢体上，在植物的花叶上，常常见到这种形式。在建筑、雕刻、图画上，合于这种形式的，也就不少。然而，我们若是把一个圆圈，直剖为二，虽然均齐，而内容空洞，就不能发起快感。又如一切均齐的形式，可以说是避免丑感的方面多，而积极发起美感的方面较少。在复杂的形式上，要完成它的组织与意义，若拘泥均齐律，常恐不能达到美的价值。

我们若用西文写姓名，而把所写的地位上的空白纸折转来，印成所写的字，这是两方完全相等的，然而看的人，或觉得不过如此，或觉得有一点好看，虽因联想的关系，程度不必相同，而总不能引起美学的愉快。这种状况，就引出两个问题：（1）为什么均齐的快感，常属于一纵线的左右，而不属于一横线的上下？（2）为什么重复的形式，不能发生美的价值？

解答第一个问题，是有习惯的关系与心理的关系。我们习惯上所见的动物、植物的均齐状况，固然多属于左右的。就是简单的建筑与器具，在工作上与应用上便利，都以左右相等为宜。我们因有这种习惯，所以于审美上也有这种倾向。心理上有视官错觉的公例，若要看得上下均等，为一与一的比例，我们必须把上半做成较短一点才好。例如，S 与 8，我们看起来，是上下相等了；然而倒过来一看，实在是 ट 与 8，下半比上半大得多了。我们若是把四方形或十字形来试验，上下齐等的关系，更可以明了这种错觉。因这个缘故，所以确实的上下均齐，是不能有美感的。

解答第二个问题，是我们的均齐律，不能太拘于数学的关系，与形式的雷同，而只要求左右两方的均势。在图画上，或左边二人而右边只有一人；或左边的人紧靠着中心点，而右边的人却远一点儿。这都可以布成均势。人体的姿势，无论在实际上，在美术上，并不是专取左右均齐，作为美的价值；常常有选取两边的姿势，并不一致；而筋肉的张弛，适合于用力状况的。

均势的形式，又有两种关系：（1）人体的姿势，受各种运动的牵制，或要伸而先屈，要进而先退；或如柔软体操及舞蹈时，用互相对待的姿势，随时变换。（2）是主观和客观间为相对的动感，如我们对着一个屈伏的造像，就不知不觉地作起立的感想。这种同情的感态，不是有意模仿，而是出于一种不知不觉间调剂的作用。

别一种的比例，就是截金法，a : b ＝ b : (a+b)。从 Giotto 提出以后，不但在图画、雕刻、建筑上得了一个标准，而且对于自然界，如人类、动植物的形式，也有用这个作为评判标准的。经 Fechner 的试验，觉得我们所能起快感的形式，并不限于截金术的比例。

1921 年秋

美学的研究法

摩曼氏主张由四方面研究美学，我前次已经讲到了。但什么样研究呢，再详细点讲一讲。

实验美学，是从实验心理学产生的，所以近来实验的结果，为偏于赏鉴家的心理。又因美术的理论，古代早已萌芽，所以近来专门研究美术，要组织美术科学的也颇多。一是偏于主观的，一是偏于客观的，我们要从主客共通的方面作出发点，就是美术家。他所造的美术是客观的；他要造那一种的美术的动机是主观的。我们现在先从美术家的方面来研究，约有六种方法：

第一，搜集美术家对于自己著作的说明。《庄子·天下篇》《太史公自序》，都是说明著书的大旨。书画家与人的尺牍，画家自己的题词，多有自己说明作意的。欧洲从文艺中兴时代到今日，文学家、美术家，此类著作很多。

第二，询问法。是从美术品中，指出几个重要点，问原著的美术家。摩曼曾与李曼（Hugo Riemann）等用此法询问各音乐家。当然可以应用于他种美术。

第三，搜集美术家传记。如《史记》的《屈原传》《司马相如传》、各史的《文苑传》、元史的《工艺传》《书史会要》《画史会要》《画征录》《印人传》等书，文集中文学家、书画家传志，后人所作文学家年谱，都是这一类的材料。

第四，美术家心境录。是从美术家的作品上，推求他心理上偏重处。或偏于观照，或偏于思索，或偏于意境，或偏于技巧。文学的研究，有比较用词多寡的，如莎士比亚集中，用词至一万五千，弥尔敦集中所用的，止超过他的半数。中国名人的诗集，多有详注，很可以求出统计的材料。

第五，美术家病理录。这是意大利一个病理学家龙伯罗梭（Lombroso）提出来的，很可以作心境录的参证。欧洲文学家如卢梭、尼采等，平时都有病的状态。法国的蒙派松（Maupassant）死的前一年，竟至病狂。近来都有人研究他们的病理。中国如徐渭、金喟等，也是这一类。

第六，实验法。这是用同一对象，请多数美术家制作，可以看出各人的偏重点。譬如几个文人同作一个人的传状，几个诗人同赋一处古迹，几个画家同画一时景物，必定各各不同。

美术家既需天才，又需学力。天才不高的人，或虽有天才，没有练习美术的机会，都不能成为美术家。但美感是人人同具的。平常人虽然不是美术家，却没有不知道赏鉴美术的。不过赏鉴的程度，高低深浅，种种不同。我们要研究赏鉴家的心理，就比美术家方面的范围广得多了。大约用六种方法：

第一，选择法。这是费希耐用过的，但费氏止用在简单的量美上，我们不必以长方形纵横方面长广的比为限。可以用各种形式，如三角形、多边形、圆形、椭圆形等，可用几种形式毗连的配置，可用色彩的映带、声音的连续，可用不同派的图画与雕刻，可用文学家的著作。

第二，装置法。这也是费氏用过的。但我们亦不必以十字架为限。可用各种形式不同、色彩不同的片段，凑成最合意的形象，如孩童玩具中，用木块或砖块叠成宫室的样子，也可用多少字集成句子，如文人斗诗牌或集碑字成楹联的样子。

第三，用具观察法。这也是费氏用过的，但我们不必以长方形及量美为限。可用于各种用具的形状、颜色及姿势，可用于装饰品，可用于地摊上的花纸，可用于最流行的小说或曲本，可用于最流行的戏剧。

第四，表示法。这是用一种对象给人刺激，用极快的□影，看他面貌有何表现，姿态有无改变；或用一种传动与速记的机械，看他的呼吸与脉搏有何等变动；这都是从感情的表示上，用作统计的材料的。如马汀（Martin）女士曾用滑稽画试验，苏尔此（Schalze）教授曾用二十种不同的图画试验学生，都用此法。

第五，瞬间试验法。因有一派美学家说美感全由"感情移入"而起；枯尔伯（Kulpe）与戈尔东（Gordon）特用一种美的印象，用极短的时间，刺激受验的人，令他判断，看感情不及移入时，有无快感。

第六，间断试验法。因人类对于美术，随时间短长，所感受的状况不同；所以德若埃（Desoie）用此法来试验。如给他看一幅图画，或十秒钟时，或二十秒、三十秒时，即遮住了，问他："所见的是什么？觉得怎么样？有什么想象？"继续的这样试验下去，就可以看出美感的内容与时间很有关系。或念一首诗，念而忽停，停而忽念，问他觉得怎么样。这种试验的结果，知道形象的美术，起初只看到颜色与形式；音乐，止听到节奏与强度。其次，始接触到内容。又其次，始见到表示内容的种类。又其次，始参入个人的联想。

人的美感，常因自然景物而起，如山水，如云月，如花草，如虫鸟的鸣声，不但文学家描写得很多，就是普通人，也都有赏玩的习惯。但多数美学家，总是用美术作主要的对象。观念论的黑智尔，与自然论的郎萃（Langl），虽然主义相反，但对于偏重美术的意见完全相同。黑氏的意思：美是观念的显示，这种观念，不是在偶发的、不纯的实物上轻易可以得到的。郎氏的意思：美术都是摹拟自然的，美术的赏玩，是从摹拟上得到一种幻想；在所摹拟的实物上，就没有这种幻想了。维泰绥克（Witasek）说："我们在自然界接触大与强的印象，如大海的无涯，雷雨的横暴，都杂有非美学的分子。就是纯粹的美景，也有两种美术上的关系：（1）片段的，如霞彩，如山势，如树状等，与美术上单纯的印象、色彩、形式一样。（2）统一的，如风景可摄影、可入画的，我们也已经用美术的条件印证一过，已经看作美术品了。"为这个缘故，所以美学上专从美术作品研究，可以包括自然的美。研究美术，有十种方法：

第一，材料的区别。美术家著作，不能不受材料的限制。建筑雕刻上，木材与石材不同。幼稚的石柱、石像，有留存木柱、木像痕迹的，就觉得不美。中国的图画，在纸上、绢上，只能用水彩；外国的油画，在麻布上，只能用油彩。不能用一种眼光去评定他。其他种种不同材料的美术，可以类推。

第二，技能的鉴别。同一对象，画的有工有拙，同一曲谱，奏的也有工有拙，这都是技能上的关系。又如全体都工，或有一二点不相称的，是技能不圆到。不是知道这一种美术应具的技能，往往看不出来。

第三，意境的鉴别。同是很工的美术，还有高下、雅俗的区别，这是因为意境不同。美术上往往有"因难见巧"的一派。如纤细的刻镂，一象牙球，内分几层，都是刻得剔透玲珑的。或一斜塔，故意把重心置在一边，看是将倒，而永不会倒的。又如文学上的回文诗、和词、步韵、集字、集句等类，虽然极工，不能算很高的美术，就是因为他意境不高。又如高等的美术，不为俗眼所赏，大半是意境不易了悟的缘故。

第四，分门的研究。如诗话是研究诗的，书谱、论画等是专门研究书法或图画的。外国研究美术的，或专研建筑，或专研音乐，也是这样。

第五，断代的研究。如两汉金石记、南宋院画录等，以一时代为限。外国研究美术的，或专研希腊时代，或专研文学复古时代，或专研现代，也是这样。

第六，分族的研究。欧洲有专研中国与日本美术的，有专研究印度美术的，有专研墨西哥或秘鲁美术的。

第七，溯原。如德人格罗绥（Grosse）与瑞典人希恒（Hirn）都著有《美术的原始》。

第八，进化的观察。西人所著美术史，都用此法。

第九，比较。用异民族的美术互相比较，可以求得美术上公例。如谟德（Muth）比较中国古代与日耳曼古代图案，知道动物图案的进步，有一定的程序。

第十，综合的研究。如格罗绥著《美术科学的研究》、司马荅（Sihmarsow）著《美术科学的原理》等是。

美术进步，虽偏重个性，但个性不能绝对的自由，终不能不受环境的影响。所以不能不研究美的文化。研究的方法，约有五种：

第一，民族的关系。照人类学与古物学看起来，各种未开化的民族，虽然环境不同，他们那文化总是相类，所以美术也很相近。到一种程度，人类征服自然的能力特别发展，所处的地方不同，就努力不同，因而演成各民族的特性，发生各种不同的文化，就有各种不同的美术。不但中国的文化与欧洲不同，所以两方的美术不同，就是欧洲人里面，拉丁族与偷通族、偷通族与斯拉夫族，文化也不尽同，所以美术也不相同。

第二，时代的关系。一时代有特别的文化，就有一时代的美术。六朝的文辞与两汉的不同，宋人的图画与唐人的不同，就是这个缘故。欧洲也是这样：文艺中兴时代的美术与中古时代的不同；现代的又与中古时代的不同。而且一时代又常常有一种特占势力的美术：如周朝的彝器，六朝的碑版，唐以后的文学。欧洲也是这样：希腊人是雕刻，文艺中兴时代是图画，现代是文学。

第三，宗教的关系。初民的美术常与魔术宗教有关；即文化的民族，也还不免。如周朝尚祖先教，所以彝器特美。六朝及唐崇尚佛教、道教，所以造像、画像多是佛的名义；建筑中最崇闳的，是佛寺、道观。欧洲中古时代最美的建筑，都是礼拜堂，到文艺中兴时代，还是借宗教故事来画当时的人物。

第四，教育的关系。中国古代教育，礼、乐并重。后来不重乐了，所以音乐不进步。又如图画及瓷器、刺绣等，虽有一时代曾著特色，但没有专门教育的机关，所以停滞了。欧洲近代各种美术都有教育机关，所以进步很快。且他们科学的教育比我们进步，普通的人对于光线、空气、远景的分别，都很注意，所以美术上也成为公则。我们的教育重模仿古人，重通式，美术也是这样。他们教育上重创造，重发展个性，所以美术上也时创新派，也注重表示个性。

第五，都市美化的关系。每一国中，往往有一二都市，作一国美术的中心点。然希腊的雅典，意大利的威尼士、弗罗郎斯、罗马，法国的巴黎，德国的明兴等，固然有自然的美，与宗教上、政治上特别提倡等等因缘，但是这些都市上特别的布置，一定也大有影响。现在欧洲各国，对于各都市，都谋美化。如道路与广场的修饰，建筑的变化，美术馆、音乐场的纵人观听，都有促进美术的大作用。我们还没有很注意的。

照上列各种研究法，分门用功，等到材料略告完备了，有人综合起来，就可以建设科学的美学了。

1921 年 2 月 21 日

美术的进化

前次讲文化的内容，方面虽多，归宿到教育。教育的方面，虽也很多，他的内容，不外乎科学与美术。科学的重要，差不多人人都注意了。美术一方面，注意的还少。我现在要讲讲美术的进化。

美术有静与动两类：静的美术，如建筑、雕刻、图画等，占空间的位置，是用目视的。动的美术，如歌词、音乐等，有时间的连续，是用耳听的。介乎两者之间是跳舞，他占空间的位置，与图画相类；又有时间的连续，与音乐相类。

跳舞的起原很简单，动物中，如鸽、雀，如猫、狗，高兴时候，都有跳舞的状态。澳洲有一种鸟，且特别用树枝造成一个跳舞厅。到跳舞之进化的时候，我们所知道的非、澳、亚、美等洲的未开化人，都有各种跳舞，他那舞人，必是身上画了花纹，或加上各种装饰，那就是图案与装饰品的起原。跳舞的地方，有在广场的，但也有在草舍或雪屋中间，这就是建筑的起原。又如跳舞会中，必要唱歌，是诗歌与他种文学的起原。跳舞时，常用简单的乐器，指示节拍，这就是音乐的起原。似乎各种美术，都随着跳舞而发生的样子。所以有人说最早的美术就是跳舞，也不为无因。

未开化人的跳舞，本有两种：一种是体操式，排成行列，注重节奏。中国古代的舞，有一部分属于此类，如现在文庙中所演的。欧洲人的跳舞会，也是此类。不过未开化人的跳舞，男女分班。男子跳舞时，女子组成歌队。女子的跳舞会，男子不参加。欧人现在的跳舞会，却是男女同舞的。欧人歌剧中，例有一段跳舞，全由女子组成，也是体操式的发展。

未开化人的跳舞，又有一种，是演剧式，或摹拟动物状态，或装演故事，这就是演剧的起原。我们周朝的武舞，一段一段演武王伐殷的样子，这已经近于演剧。后来优孟扮演孙叔敖，就是正式的演剧了。我们正式的演剧，元以后始有文学家的曲本。直到今日，还没有著名的进步。最流行的二黄、梆子等，意浅词鄙，反更不如昆曲了。欧洲现行的戏剧，约有三种：一是歌剧（Opera），全用歌词，以悲剧为多。二是白话剧（Drama），全用白话，亦不参用音乐，兼有悲剧、喜剧。现在中国人叫作新剧的就是这一类。三是小歌剧（Operetta），歌词与白话相间，与我们的曲本相类，多是喜剧。以上三种，都出自文学家手笔。时时有新的著作，有种种的派别，如理想派、写实派、神秘派等。他们的剧场，有专演一种的，也有兼演两种或三种的，但是一日内所演的剧，总是首尾完具，耐人寻味的。别有一种杂耍馆，各幕不相连续，忽而唱歌，忽而谐谈，忽而舞蹈，忽而器乐，忽而禽言，忽而兽戏，忽而幻术，忽而赛拳，纯为娱耳目起见，不含有何种理想。闻英国的戏场，多是此类，不过有少数的专演名家剧本，此亦英人美术观念，与意、法等国不同的缘故。我们的剧场，虽然并不参入幻术、兽戏等等，但是，第一，注意于唱工戏、武戏、小戏等如何排列；第二，注意于唱工戏中，生、旦、净、末的专戏应如何排列，纯从技术上分配平均起见，并无文学上的关系，尚是杂耍馆一类。

最早的装饰，是画在身上。热带的未开化人用不着衣服，就把各种花纹画在身上作装饰。现在妇女的擦脂粉、戏子的打脸谱，是这一类。

进步一点，觉得画的容易脱去，在皮肤上刻了花纹，再用颜色填上去。大约暗色的民族，用浅的瘢痕；黄色或古铜色的民族，用深的雕纹。我们古人叫作"纹身"，或叫作"雕题"。至于不用瘢痕，或雕纹的民族，也有在唇上或耳端凿一孔，镶上木片，叫他慢慢儿扩大的。总之，都是矫揉造作的装饰，在文明人的眼光里，只好算是丑状了。但是近时的缠足、束腰、穿耳，也是这一类。

进一步，不在皮肤上用工了，用别种装饰品，加在身上。头上的冠巾，头上的挂件，腰上的带，在未开化人，已经有种种式样。文化渐进，冠服等类，多为卫生起见，已经渐趋简单。但尚有叫作"时式"的，如男子时式衣服，以伦敦人为标准；女子时式衣服，以巴黎人为标准。往往几个月变一个样子，这也是未开化时代的遗俗罢了。

再进一步，不限于身上的装饰，移在身外的器具了。武器如刀、盾等，用器如舟、橹、锅、瓶等，均有画的或刻的花纹，这就是纯粹的图案画。起初是点线等，后来采用动物的形式，后来又采用植物的形式。

更进一步，不但装饰在个人所用的器具上，更要装饰在大家公共的住所上了。穴居时代，已经有壁画，与摩崖的浮雕。到此时期，渐渐地脱卸装饰的性质，产生独立的美术。

器具不但求花纹同色彩的美，更求形式的美。如瓷器及金类玉类等器，均有种种美观的形式。

雕刻的物像，不但附属在建筑上，而且还演为独立的造像。中国墓前有石人、石马，寺观内有泥塑、木雕、玉刻、铜铸的像。虽然有几个著名的雕塑家，如晋的戴颙、元的刘玄，但是无意识的模仿品居多数。西洋自希腊时代，已有著名造像家，流传下来的石像、铜像，都优美得很。自文艺中兴时代，直至今日，常有著名的作家。

图画也不但附在壁上，还演为独立的画幅，所画的也不但是单纯的物体，还演为复杂的历史画、风俗画、山水画等。中国的图画，算是美术中最发达的，但是创造的少，模仿的多。西洋的图画家，时时创立新派，而且画空气，画光影，画远近的距离，画人物的特性，都比我们进步得多。

建筑的美观，起初限于家庭。后来推行到公共建筑，如宗教的寺观，帝王的宫殿。近来偏重在学校、博物院、图书馆、公园等。最广的，就是将一所都市，全用美观的计划，布置起来。

以上都是说静的美术，今要说动的美术，就是诗歌与音乐。

在跳舞会上的歌词，是很简单的。演而为独立的小调，又演而为三派的文学。一是抒情诗，如中国的诗与词，起初专为歌唱，后来渐渐发展，专用发表感想，不过尚有长短音的分配，韵的呼应。到近来的新体诗，并长短音与韵也可不拘了。一是戏曲，起初全是歌词，后来参加科白，后来又有一体，完全离音乐而独立，通体用白话了。一是小说，起初是神话与动物谈，后来渐渐切近人事。起初描写的不过通性，后来渐渐的能表示特性。起初全凭讲演，语言与姿态同时发表，后来传抄印刷，完全是记述与描写的文学了。

　　跳舞会的音乐，是专为拍子而设，或用木棍相击，或用兽皮绷在木头上。由此进步，演为各种的鼓。澳洲土人有一种竹管，用鼻孔吹的。中国古书说音乐起于伶伦取竹制筒，大约吹的乐器，都由竹管演成的。非洲土人，有一种弓形的乐器，后来演成各种弦器。初民的音乐重在节奏，对于音阶的高下，不很注意。近来有种种的曲谱，有各种关于音乐的科学，有教授音乐的专门学校，有超出跳舞会与戏剧而独立的音乐会，真非常的进步了。

　　观各种美术的进化，总是由简单到复杂，由附属到独立，由个人的进为公共的。我们中国人自己的衣服、宫室、园亭，知道要美观，却不注意于都市的美化。知道收藏古物与书画，却不肯合力设博物院，这是不合于美术进化公例的。

1921 年 2 月 15 日

美学的进化

我已经讲过美术的进化了，但我们不是稍稍懂得一点美学，决不能知道美术的底蕴，我所以想讲讲美学。今日先讲美学的进化。

我们知道，不论哪种学问，都是先有术后有学，先有零星片段的学理，后有条理整齐的科学。例如上古既有烹饪，便是化学的起点。后来有药方，有炼丹法，化学的事实与理论，也陆续地发布了。直到十八世纪，始成立科学。美学的萌芽，也是很早。中国的《乐记》《考工记·梓人篇》等，已经有极精的理论。后来如《文心雕龙》，各种诗话，各种评论书画古董的书，都是与美学有关。但没有人能综合各方面的理论，有统系地组织起来，所以至今还没有建设美学。

在欧洲古代，也是这样。希腊的大哲学家，如柏拉图、亚里士多德等，都有关于美学的名言。柏氏所言，多关于美的性质；亚氏更进而详论各种美术的性质。柏氏于美术上提出"模仿自然"的一条例，后来赞成他的很多。到近来觉得最高的美术，尚须修正自然，不能专说模仿了。亚氏对于美术，提出"复杂而统一"一条例，至今尚颠扑不破。譬如我在这个黑板上画一个圆圈，是统一的，但不觉得美，因为太简单。又譬如我左边画几个人，右边画个动物，中间画些山水、房屋、花木等类，是复杂的；但也不觉得美，因为彼此不相连贯，没有统系，就是不统一。所以既要复杂，又要统一，确是美术的公例。

罗马时代的文学家、雄辩家、建筑家，关于他的专门技术，间有著作。到文艺中兴时代，文喜（Leonardo da Vinee）、埃尔倍西（Leone Battiota Alberti）、佘尼尼（Cemimo Cennine）等美术家，尤注意于建筑与图画的理论。那时候科学还不很发达，不能大有成就。十七世纪，法国的诗人，有点新的见解。其中如波埃罗（Borlean Despeaux）于所著《诗法》中提出"美不外乎真"的主义，很震动一时。用学理来分析美的缘素，为美学先驱的，要推十七、十八世纪的英国经验派心理学家。他们知道美的赏鉴，是属于感情与想象力的。美的判断，不专是认识的。而且美的感情，也与别种感情有不同的点。如呵末（Hume）说美的快感是超脱的，与道德的实用的感情不同。又如褒尔克（Burke）研究美感的种类，说美，是一见就生快感的，这是与人类合群的冲动有关。高，初见便觉不快，仿佛是危险的，这是与人类自存的冲动有关。但后来仍有快感，因知道这是我们观察中的假象。都是美学家最注意的问题。

以上所举的哲学家，虽然有美学的理论，但都附属在哲学的或美术的著作中。不但没有专门美学的书，还没有美学的专名，与中国一样。直到一七五〇年，德国鲍格登（Alexander Baumgarten）著《爱斯推替克》（*Aesthetica*）一书，专论美感。"爱斯推替克"一字，在希腊文本是感觉的意义，经鲍氏著书后，就成美学专名；各国的学者都沿用了。这是美学上第一新纪元。

鲍氏以后，于美学上有重要关系的，是康德（Kant）的著作。康德的哲学，是批评论。他著《纯粹理性批评》，评定人类和知识的性质。又著《实践理性批评》，评定人类意志的性质。前的说现象界的必然性，后的说本体界的自由性。这两种性质怎么能调和呢？依康德见解，人类的感情是有普遍的自由性，有结合纯粹理性与实践理性的作用。由快不快的感情起美不美的判断，所以他又著《判断力批评》一书。书中分究竟论、美论二部。美论上说明美的快感是超脱的，与呵末同。他说官能上适与不适，实用上良与不良，道德上善与不善，都是用一个目的作标准。美感是没有目的，不过主观上认为有合目的性，所以超脱。因为超脱，与个人的利害没有关系，所以普遍。他分析美与高的性质，也比褒尔克进一步。他说高有大与强二种，起初感为不快，因自感小弱的缘故。后来渐渐消去小弱的见，自觉与至大至强为一体，自然转为快感了。他的重要的主张，就是无论美与高，完全属于主观，完全由主观上想象力与认识力的调和，与经验上的客观无涉。所以必然而且普遍，与数学一样。自康德此书出后，美学遂于哲学中占重要地位；哲学的美学由此成立。

绍述康德的理论，又加以发展的，是文学家希洛（Schiller）。他所主张的有三点：（1）美是假象，不是实物，与游戏的冲动一致。（2）美是全在形式的。（3）美是复杂而又统一的，就是没有目的而有合目的性的形式。

以后盛行的，是理想派哲学家的美学。其中最著名的，如隋林（Schelling）的哲学，谓自然与精神，同出于绝对的本体。本体是平等的，无限的；但我们所生活的现象世界是差别的，有限的。要在现象世界中体认绝对世界，惟有观照。知的观照，属于哲学；美的观照，属于艺术。哲学用真理导人，但被导的终居少数；艺术可以使人人都观照绝对。隋氏的哲学，是抽象一元论。

所以他独尊抽象，说具象美不过是抽象美的映象。

后来黑格尔（Hegel）不满意于隋林的抽象观念论，所以设具象观念论。他说美是在感觉上表现的理想。理想从知性方面抽象的认识，是真；若从感觉方面具象的表现，是美。表现的作用愈自由，美的程度愈高。最幼稚的是符号主义，如古代埃及、叙利亚、印度等艺术，是精神受自然压制，心能用一种符号表示不明了的理想。进一步是古典主义，如希腊人对于自然，能维持精神的独立；他们的艺术，是自然与精神的调和。又进一步，是浪漫主义，如中世纪基督教的美术，是完全用精神支配自然。

与黑氏同时有叔本华（Schopenhauer），他是说世界的本体，是盲目的意志。人类在现象世界，因有欲求，所以常感苦痛。要去此苦痛，惟有回向盲目的本体。回向的作用，就是赏鉴艺术。叔氏分艺术为四等：第一是高的，第二是美的，第三是美而有刺激性的，第四是丑的。

理想派的美学，多注重内容；于是有绍述康德偏重形式的一派。创于海伯脱（Herbart），大成于齐末曼（Kimmermann）。齐氏所定的三例：（1）简单的对象，不能起美学的快感与不快感。（2）复合的对象，有美学的快感与不快感。但从形式上起来。（3）形式以外的部分（如材料等）全无关系。

由形式论转为感情论的是克尔门（Kirchmann），他说美是一种想体，就是实体的形象；但这实体必要有感兴的，且取他形象时，必要经理想化，可以起人纯粹的感兴。

把哲学的美学集大成的，是哈脱门（Hartmann）的美的哲学。哈氏说理想的自身，并不就是美；理想的内容表现为感觉上的假象，才是美。这个假象，是完全具象的。若理想的内容，不能完全表现为假象，就减少了美的程度。愈是具象的，就愈美。所以哈氏分美为七等，由抽象进于具象：第一是官能快感，第二是量美，第三是力美，第四是工艺品，第五是生物，第六是族性，第七是个性。

从鲍格登到哈脱门，都是哲学的美学，都是用演绎法的。哈氏的《美的哲学》，在一八八七年出版。前十七年即一八七一年，费希耐（Gustav Theodor Fechner）发布一本小书，叫作《实验美学》（*Zurexperimentalen Aesthetik*），及一八七六年又发布一书，叫作《美学的预科》（*Vorschule der Aesthetik*），他是主张用归纳法治美学，建设科学的美学，这是美学上第二新纪元。费氏的归纳法，用三种方法，考验量美：

（1）选择法：用各种不同的长方形，令人选取最美观的。

（2）装置法：用硬纸两条，令人排成十字架，看他横条置在纵条那一点。

（3）用具观察法：把普通人日常应用品物，如信笺、信封、糖匣、烟盒、画幅等，并如建筑上门、窗等，都量度他纵横两面长度的比例，求得最大多数的比例是什么样。

前两法的结果，是大多数人所选择或装置的，都与崔新（Adolf Zeising）所发见的截金法相合，就是三与五、五与八、八与十三等比例。但是第三种的结果费氏却没有报告。

费氏以后，从事实验的，如惠铁梅（Witmer）、射加尔（Segal）等用量美；伯开（Baker）、马育（Major）等用色彩；摩曼（Meumann）、爱铁林该（Ettlinger）等用声音；孟登堡（Munstenberg）、沛斯（Piorce）等用各种简单线的排列法，都有良好的结果，但都是偏于一方面的。又最新的美学家，如康德派的科恩（Cohn），黑格尔派的维绥（Vischer），注重感情移入主义的栗丕斯（Th.Lipps）、富开尔（Volkelt），英国证明游戏冲动说的斯宾塞尔（Spencer），法国反对超脱主义的纪约（Guyau）等，所著美学，也多采用科学方法，但是立足点仍在哲学。所以科学的美学，至今还没完全成立。摩曼于一九〇八年发布《现代美学绪论》，又于一九一四年发布《美学的系统》，虽然都是小册，但对于美学上很有重要的贡献。他说建设科学的美学，要分四方面研究:（1）艺术家的动机,（2）赏鉴家的心理,（3）美术的科学,（4）美的文化。若照此计划进行，科学的美学当然可以成立了。

1921 年 2 月 19 日

康德美学述

康德既作纯粹理性评判，以明认识力之有界；又作实践理性评判，以明道德心之自由。而感于两者之不可以不一致，及认识力之不可以不受范于道德心，乃于两者之间，求得所谓断定力者，以为两者之津梁。盖认识力者，丽于自然者也，道德心者，悬为鹄的者也，而自然界有一种归依鹄的之作用，是为断定力之所丽，故适介二者之间，而为之津梁也。惟是自然界归依鹄的之作用，又有客观、主观之别。客观者，由自然现象之关系言之也，属于鹄的论之断定。主观者，由吾人赏鉴之状态而言之也，属于美学之断定。故康德断定力评判，分为美学与鹄的论二部。今节译其美学一部之说如下。

一 美学之基本问题

康德以前之哲学，无论其为思索派，或经验派，恒以美为物体之一种性质，或以为物与物相互之一种关系。康德反之，以为物之本体，初无所谓美也。当其未及吾人赏鉴之范围，美学之性质无自而发现，犹之世界无不关意志之善恶，无不关知识之真伪也。故康德之基本问题，非曰何者为美学之物，乃曰美学之断定何以能成立也。美学之断定，发端于主观快与不快之感。苟吾人见一表象，而无所谓快与不快，则无所谓美学之断定。美学之断定，为一种表象与感情之结合，故为综合断定。且此等断定，不属于客观认识界之价值，而特为普遍及必然之条件。吾人惟能自先天性指证之，而不能自感觉界求得之，故当为先天之综合断定。顾此等先天性综合断定何以能成立乎？吾人欲解答此问题，不可不先明此断定之为何者。故美学之基本问题，其一曰何者为美学之断定乎？其二曰美学之断定何以能成立乎？其一，所以研究其内容，以美学断定之解剖解答之。其二，所以研究其原本，以纯粹美学之演绎解答之。

美学之断语有二，曰优美，曰壮美。故美学断定之解剖，区为二部，一曰优美之解剖，二曰壮美之解剖。

二 优美之解剖

（甲）超逸

凡吾人所以下优美之断定者，对于一种表象而感为愉快也。虽然，吾人愉快之感，不必专系乎愉美，有系于满意者，有系于利用者，有系于善良者。何以别之？曰，满意之愉快全属于感觉，利用及善良之愉快又属于实际，此皆与美学断定相违之性质也。满意者亦主观现象之一，例如曰山高林茂，此客观之状态也；曰山高林茂，触目怡情，则主观之关系也。满意者，吾人之感官，受一种之刺触而感为满足，故亦不本于概念。利用及善良则否，利用者，可借以达于一种之善良者也。善良者，各人意志之所趋向也。利用为作用，而善良为鹄的，二者皆丽于客观，皆毗于实际，皆吾人意志之所管摄者也。所以生愉快者，由于有鹄的之概念，而或间接以达之，或直接以达之。

满意也，利用也，善良也，各有相为同异之点。满意之事，不必有利而无害。幸福之生涯，恒足以使人满意，而不必同时即为善良，此其差别之显然者也。其相同之点，则三者皆有欲求之关系是也。饥者得其食，百工利其器，君子成其德，其所以愉快者，皆由于有所求而得之。差别之点，惟其一属于感觉，其二属于实用，其三属于道德而已。夫吾人之有所求，由于吾人之有所需。所需者，不特吾人所见之表象，而直接于表象所自出之体质。其体质有可享受，或可应用，或可实现，非人生最后之鹄的，即吾侪日用之利益。是皆主观与客观间有体质之关系，而主观之愉快，乃发端于客观之体质焉。

始有所需，继有所得，而愉快之感以起，是皆有关实利之愉快也。有一种愉快焉，既非官体之所触，又非业务之所资，且亦非道德之所托，是非关于实利也，是谓优美之感。吾人欲认识优美之感之特性，莫便于举一切快感而舍其有关实利者。夫有关实利之快感，不外夫满意、利用、善良三者，然则快感之贯于此三种者，惟优美之感而已。

夫吾人优美之感既全无实利之关系，则吾人之于其对象，非所嗜也，非所资也，非有所激刺于意志也。既非所趋之鹄的，又非所凭之作用，则纯粹之赏鉴而已矣。纯粹之赏鉴足以镇定嗜欲，奠定意志。盖意志之与赏鉴，常为互相消息之态度。意志者，常受一种对象之冲动，而赏鉴则反之。意志之状态，动作也，皇急也，阢陧也，而纯粹之赏鉴则永永宁静。吾人对于一种之对象，而求其全无嗜欲之关系，势不能有利于纯粹之赏鉴，而纯粹赏鉴之对象，势不能有外乎形式。种种物体，各凭其性质而有以满足吾人之需要，若仅即形式而言之，于吾人种种之需要，均无自而满足也。而赏鉴之者，乃别有一种满足之感，是谓美感。而其所赏鉴者，谓之优美。

凡吾人之所需要及嗜欲，常因依于一种之体质，而借此体质以餍其欲望，为愉快之所由来。此等愉快不能不有所羁绊，而且一得一失，动为死生祸福之所关，故其情又至为矜严。纯粹之美感则不受一切欲望之羁绊，故纯任自由。且亦无与于人生之运命，故恒不出之以矜严，而出之以游戏焉。康德之述美学也，尝谓为兴味之学。兴味之义，在官体者常非其所需要，而在习俗者，又常不关于道德。饥者易为食，渴者易为饮，需要故也。而所谓美味，则初不以充饥而解渴。道德之律，守之则安，违之则悔，为责任心故也。若乃揖让之仪，馈赠之品，颂祷之词，初不必出于敬爱之本心，而自有所谓行习之兴味。以此例推，则于自由之美感思过半矣。满意者，官能之事也，善良者，理性之事也，美感者，官能与理性之吻合也。人类者，既非如动物之有官能而无理性，又非如理想之神有理性而无官体，故美感者，人类专有之作用也。

（乙）普遍

凡实利之关系，常因人而殊，一人之中，又因时位而殊。一人之所需要，在他人有视为无用者，亦有视为有害者。且同一人也，今日之所求，难保其不及他日而弃厌之。故自善良以外，有关实利之愉快，皆专己主义者也。循环而言之，以小己为本位而认为专有之快感者，常有实利之关系，而关系实利之快感，常有种种之不同，如人与人之互相差别也。夫差别之快感，其关系实利也如此，而美感之愉快，乃独无实利之关系。然则美感者，非差别而普遍，非专己主义而世界主义也，故人举一对象以表示其优美之感者，不曰是于我为优美，而曰是为优美，是即含有普及人人之意义焉。

有因优美之普遍性而疑其基本于客观之现象者。果尔，则为概念之断定，入论理之范围，而不属于美学。美学之断定，以快与不快之感为基本，而初不本于知识。丽于主观之状态，而初不原于客观。吾人于论理断定与美学断定之间，求过渡之状态而不可得。然则两者非程度之差别，而种类之差别也。

美学之断定，既不属于概念，故其所断定者，为单一之对象，而不必推及于其同类，是为单一断定。例如对一蔷薇花而曰，此花甚美，此美学之断定也。如由是而推之曰，凡蔷薇花皆甚美，则构成概念，而为论理之断定矣。又如曰，此花甚适意，则虽亦单一之断定，然为专己性而非普遍性，为满意而不为美感矣。对于单一对象之断定，而又可以通之于人人，是则美感之特性也。

满意者，感觉界之愉快也。吾人必先觉其为满意而后以是断定之，故快感常先于断定。夫断定之先，已有快感，是其快感不出于赏鉴，而发于物体之激刺，是为感觉界之经验所羁绊，而不能印证于人人。快感之可以印证于人人者，其表示也，不在对象断定之先，而常随其后，以其根本于纯粹之赏鉴也。

凡赏鉴一种对象，不能不及影响于表象力。表象力者，形容作用及把持作用之结合也。形容作用演而为想象，于是有直观之写照。把持作用演而为理解，于是有合法之统一。两者合同而后有断定。断定者，常有普遍性者也，惟属于论理者常受规定于概念，而属于美学者则否。故美学之赏鉴不关于知识。知识者，形容力与想象力之结合也。而在赏鉴，则二者为不相结合之符同，故谓之想象力与理解力之游戏，抑或谓之无宗旨之调和。盖徒有想象力与理解力之调和，而初不以认识为宗旨也。

（丙）有则

凡对象之可以起人快感者，不能无一种规则，即所谓依的作用之状态是也。以常情论之，既有依的作用，则必有其所归依之鹄的。鹄的者，作用之原因也。由此作用而得达其鹄的，则鹄的者又为作用之效果。故吾人对于一种对象而谓之依的作用者，以求得其所依之的以为准，是即一种之概念也。使吾人欲游一地，则不可不为适宜之旅行。使吾人欲成一书，则不可不为适宜之记述。惟其适宜也，而有可游可成之希望，于是乎愉快，是关于实际之愉快也。使吾人对于一种天然或人造之品物，而欲求其所以为此构造之故，则必有种种之观察若研究。一旦求而得之，则亦不胜其愉快，是关于智力之愉快也。是皆附丽于概念者也。

今也，对于优美之快感无所谓概念，则无所谓鹄的也。使吾人因欲赏鉴一种优美之对象，而预期其愉快，如是，则非纯粹之赏鉴，而参之以欲望，非徒赏鉴其形式，而直接关系于其体质，于是不复为美感，而为引惹，为激刺。引惹也，激刺也，皆物质之效力，而非复形式之功用，故为感觉界之愉快，而不复为纯粹之美感焉。

纯粹之美感专对于形式，而无关于体质。一切接触于感觉神经之原素皆不得而参入，轶出于经验之范围，而不准以概念，故不能有鹄的，且亦不能有所谓依的作用之表象。然而既有形式，则自有一种依的作用之状态。有依的作用之状态而无有鹄的，此美感之特性也。

美感起于形式，则其依的作用之状态，属于主观，而不属于客观。客观之依的作用，有内外之别。在外者以属于他物之概念为的者也。在内者以属于本体之概念为的者也。以他物之概念为的，则其依的作用为利用。以本体之概念为的，则其依的作用为自成。凡即一种对象而以利用若自成评判之者，卒皆以鹄的之概念为标准。其鹄的之概念愈完全，则其依的作用之表象愈明晰。以此等表象之观察而起其快感，皆属于智力，而不属于美感者也。

康德以前之哲学，多以自成之概念说美学。彼以为自成之概念，在感觉界与智力界，有程度之差别，即前者隐约而后者明晰是也。于是以自成概念之不明晰，而表现于感觉界者谓之美。包吾介登之美学，即本此主义而建设者。至康德，始立区别于玄学、美学之间，而以不关概念为美感之说。于是依的作用不失为美感之一特性，而要必以无鹄的之概念为界焉。

（丁）必然

美感者，有普遍性者也。凡有普遍性者，常为必然性。满意之快感，人各不同，且在一人而亦与时为转移，是偶然而非必然也。优美之快感则不然。谓之优美，非曰于我为美，而于人则否。亦非曰此时为美，而异时则否。其断定也，含有至溥博而至悠久之意义，此其所以为必然性也。

有论理之必然性，是属于理论概念者。有道德之必然性，是属于实践之概念者。两者皆丽于客观也。美感者，既非有认识真理之要求，亦非循实践理性之命令，而特为纯粹之赏鉴，且超然于客观概念之外，是主观之必然性也。

于是合四者而言之，美者，循超逸之快感，为普遍之断定，无鹄的而有则，无概念而必然者也。（未完）

1916 年

《自然美讴歌集》序

自然美与艺术美，为对待之词，而自然美之范围特广，初民之雕刻与图画，皆取材于自然。希腊哲学家且以摹拟自然为艺术家之公例。吾国艺术家之雕塑与图画，自士女及楼阁外，若花鸟，若草虫，若山水，率以自然美为蓝本，而山水尤盛。诗人歌咏，亦同此例。昔刘彦和称宋初文咏，庄老告退，而山水方滋，其时作者以谢康乐为巨擘，披览遗集，登山临水之作，十占八九。洎乎有唐，得王摩诘工诗而又善画，画中有诗，诗中有画，其内容可以想见。嗣后诗人与谢、王同其旨趣者，何代无之，顾未有揭自然美以颜其集者，有之，则自陈树人先生之《自然美讴歌集》始。先生好游而工诗如康乐，工诗而又善画如摩诘，顾康乐之游限于东南一隅，而摩诘又限于西北，先生生长岭南，近游桂林，北抵平津，久滞江浙，国内游程，已视谢王为广；益以日本及美洲之奇观，取多用弘，更非古人所能梦见矣。康乐惟有五言，偶作七古，非其所好；摩诘五七言并工，而五言尤脍炙人口。先生斯集，则十之九为七言，此亦不过形式上之小同异；而写物追新之力，清微淡远之致，先生所作正与谢、王相印证。息园诸咏，尤与辋川唱和异曲而同工。郦道元称山水有灵，亦惊知己，先生斯集，足以当此语而无愧色矣。

1933 年 7 月 15 日

美术的起原

美术有狭义的、广义的。狭义的，是专指建筑、造像（雕刻）、图画与工艺美术（包装饰品等）等。广义的，是于上列各种美术外，又包含文学、音乐、舞蹈等。西洋人著的美术史，用狭义；美学或美术学，用广义。现在所讲的也用广义。

美术的分类，各家不同。今用 Fechner 与 Grosse 等说，分作动静两类：静的是空间的关系，动的是时间的关系。静的美术，普通也用图像美术的名词作范围。他的托始，是一种装饰品。最早的在身体上；其次在用具上，就是图案；又其次乃有独立的图像，就是造像与绘画。由静的美术，过渡到动的美术，是舞蹈，可算是活的图像。在低级民族，舞蹈时候，都有唱歌与器乐；我们就不免联想到诗歌与音乐。舞蹈、诗歌、音乐，都是动的美术。

我们要考求这些美术的起原，从那里下手呢？照进化学的结论，人类是从他种动物进化的。我们一定要考究动物是否有创造美术的能力？我们知道，植物有美丽的花，可以引诱虫类，助他播种。我们知道，动物界有雌雄淘汰的公例：雄的动物，往往有特别美丽的毛羽，可以诱导雌的，才能传种。动物已有美感，是无可疑的。但是这些动物，果有自己制造美术的能力么？有些美学家，说美术的冲动，起于游戏的冲动。动物有游戏冲动，可以公认。但是说到美术上的创造力，却与游戏不同。动物果有创造力么？有多数能歌的鸟，如黄莺等，很可以比我们的音乐。中国古书，如《吕氏春秋》等，还说"伶伦取竹制十二筒，听凤凰之鸣，以别十二律"云云，似乎音乐与歌鸟，很有关系。但他们是否是有意识的歌？无从证明。图像美术里面，造像绘画，是动物界绝对没有的。惟有造巢的能力，很可以与我们的建筑术竞胜。近来如 I.Rennie 著的 *Die Baukunst der Tiere*，如 T.Harting 著的 *Die Baukunst der Tiere*，如 I.G.Wood 著的 *Homeswithout Hands*，如 L.B ü chner 著的 *Ausdem Geistesle bender Tiere*，如 Gr.Romanes 著的 *Animal Intelligence*，都对于动物造巢的技术，很多记述。就中最特别的，如蜜蜂的窠，造多数六角形小舍，合成圆穹形。蚁的垤，造成三十层到四十层的楼房，每层用十寸多长的支柱支起来，大厅的顶，于中央构成螺旋式，用十字式木材撑住。非洲的白蚁，有垤上构塔，高至五六迈当的；垤内分作堂、室、甬道等。美洲有一种海貍，在水滨造巢，两方入口都深入严冬不冻的水际；要巢旁的水，保持常度，掘一小池泄过量的水；并设有水门与沟渠。印度与南非都有一种织鸟，他们的巢是用木茎织成的。有一种缝鸟，用植物的纤维，或偶然拾得人类所弃的线，缝大叶作巢；线的首尾都打一个结。在东印度与意大利，都有一种缝鸟，所用的线，是采了棉花，用喙纺成的。澳洲的叶鸟（造巢如叶）在住所以外，别设一个舞蹈厅，地基与各面，都用树枝交互织成，为免内面的不平坦，把那两端相交的叉形都向着外面。又搜集了许多陈列品，都是选那色彩鲜明的，如别的鸟类的毛羽，人用布帛的零片，闪光的小石与螺壳，或用树枝分架起来，或散布在入口的地面。这些都不能不认为一种的技术。但严格地考核起来，造巢的本能，恐还是生存上需要的条件。就是平齐、圆穹等等，虽很合美的形式，未必不是为便于出入回旋起见。要是动物果有创造美术的能力，必能一代一代地进步，今既绝对不然，所以说到美术，不能不说是人类独占的了。

考求人类最早的美术，从两方面着手：一是古代未开化民族所造的，是古物学的材料。二是现代未开化民族所造的，是人类学的材料。人类学所得的材料，包括动、静两类。古物学是偏于静的，且往往有脱节处，不是借助人类学，不容易了解。所以考求美术的原始，要用现代未开化民族的作品作主要材料。

现代未开化的民族，除欧洲外，各洲都还有。在亚洲，有 Andamanen 群岛的 Mincopie 人，锡兰东部的 Veddha 人，与西伯利亚北部的 Tchuktschen 人。在非洲，有 Kalahari 的 Buschmänder 人。在美洲，北有 Arkisch 的 Eskimo 人、Aleüten 的土人；南有 Feuerländer 群岛的土人、Brasilien 民国的 Botokuden 人。在澳洲，有各地的土人。都是供给材料给我们的。

现在讲初民的美术，从静的美术起，先讲装饰。

从前达尔文遇着一个 Feuerländer 人，送他一方红布，看他作什么用。他并不制衣服，把这布撕成细条儿，送给同族，作身上的装饰。后来遇着澳洲土人，试试他，也是这个样子。除了 Eskimo 人非衣服不能御寒外，其余初民，大抵看装饰比衣服要紧得多。

装饰可分固着的、活动的两种：固着的，是身上刻文及穿耳、镶唇等。活动的，是巾、带、环、镯等。活动的装饰里面，最简单的，是画身。这又与几种固着的装饰有关系，恐是最早的装饰。

除了 Eskimo 人非全身盖护不能御寒外，其余未开化民族，没有不画身的。澳洲土人旅行时，携一个袋鼠皮的行囊，里面必有红、黄、白三种颜料。每日必要在面部、肩部、胸部点几点。最特别的，是 Botokuden 人：有时除面部、臂部、胫部外，全身涂成黑色，用红色画一条界线在边上。或自顶至踵，平分左右：一半画黑色，一半不画。其余各民族画身的习惯，大略如下。

画上去的颜色：是红、黄、白、黑四种，红、黄最多。

所画的花样：是点、直线、曲线、十字、交叉纹等，眼边多用白色画圆圈。

所画的部位：是在额、面、项、肩、背、胸，四肢等，或全身。

画的时期：除前述澳洲土人每日略画外，童子成丁祝典、舞蹈会、丧期，均特别注意，如文明人着礼服的样子。也有在死人身上画的。

现在妇女用脂粉，外国马戏的小丑抹脸，中国唱戏的讲究脸谱，怕都是野蛮人画身的习惯遗传下来的。

他们为画的容易脱去，所以又有瘢痕与雕纹两种。暗色的澳洲土人与 Mincopie 人，是专用瘢痕的。黄色的 Buschmänner，古铜色的 Eskimo，是专用雕纹的。

瘢痕是用火石、蚌壳或最古的刀类，在皮肤上或肉际割破。等他收口了，用一种灰白色颜料涂上去，有几处土人，要他瘢痕大一点，就从新创时起，时时把颜料填上去；或用一种植物的质渗进去。

瘢痕的式样：是点、直线、曲线、马蹄形、半月形等。

所在的地位：是面、胸、背、臂、股等。

时期：澳人自童子成丁的节日割起，随年岁加增。Mincopie
人，自八岁起，十六岁或十八岁就完了。

雕纹是在雕过的部位，用一种研碎的颜料渗上去，也有用烟
煤或火药的。经一次发炎，等全愈了，就现出永不褪的深蓝色。

雕纹的花样，在 Buschmänner 还简单，不过刻几条短的直
线。Eskimo 人的就复杂了。有曲线，有交叉纹，或用多数平行线
作扇面式，或作平行线与平列点，并在其间，作屈曲线，或多数
正方形。

所雕的部位：是在面、肩、胸、腰、臂、胫等。

雕纹的流行，比瘢痕广而且久。《礼记·王制》篇："东方曰
夷，被发文身。……南方曰蛮，雕题交趾。"《疏》说："题，额
也。谓以丹青雕题其额。"是当时东南两方的蛮人，都有雕纹的
习惯。又《史记·吴太伯世家》："太伯、仲雍二人，乃奔荆蛮，
纹身断发。"应劭说："常在水中，断其发，纹其身，以象龙子，
故不见伤害。"墨子说："勾践剪发纹身以治其国。"庄子说："宋
人资章甫以适越，越人断发纹身，无所用之。"似乎自商季至周
季，越人总是有雕纹的。《水浒传》里的史进，身上绣成九条龙。
是宋元时代还有用雕纹的。听说日本人至今还有。欧洲充水手的
人，也有臂上雕纹的。我于一九〇八年，在德国 Leipzig 的年市
场，见两个德国女子，用身上雕纹，售票纵观，我还藏着他们两
人的摄影片。可见这种装饰，文明民族里面，也还不免呢。

Botokuden 人没有瘢痕，也没有雕纹，却有一种性质相近的
固着装饰，就是唇、耳上的木塞子。这就叫作 Botopue，怕就是
他们族名的缘起。他们小孩子七八岁，就在下唇与耳端穿一个扣
状的孔，镶了软木的圆片。过多少时，渐渐儿扩大，直到直径

四寸为止。就是有瘢痕或雕纹的民族，也有这一类的装饰：如 Buschmänner 的唇下镶木片，或象牙，或蛤壳，或石块；澳人鼻端穿小棍或环子；Eskimo 人耳端挂环子。

耳环的装饰，一直到文明社会，也还不免。

从固定的装饰过渡到活动的，是发饰。各民族有剪去一部分的，有编成辫子，用象牙环、古铜环束起来的，有编成发束，用兔尾、鸟羽或金属扣作饰的，有用赭石和了油或用蜡涂上，堆成饼状的。现在满洲人的垂辫，全世界女子的梳髻，都是初民发饰的遗传。

头上活动的装饰，是头巾。凡是游猎民族，除 Eskimo 外，没有不裹头巾的。最简单的用 Pandance 的叶卷成。别种或用皮条；或用袋鼠毛、植物纤维编成，或用鸵鸟羽、鹰羽、七弦琴尾鸟羽、熊耳毛束成；或用新鲜的木料，刻作鸟羽形戴起来；或用绳子穿黑的浆果与白的猴牙相间；或用草带缀一个鸵鸟蛋的壳又插上鸟羽；或用袋鼠牙两小串，分挂两额；或用麻缕编成网式的头巾，又从左耳至右耳，插上黄色或白色鹦鹉羽编成的扇。且有头上戴一只鹭鸟，或一只乌鸦的。各种民族的冠巾，与现今欧美妇女冠上的鸟羽或鸟的外廓，都是从初民的头巾演成的。

其次头饰：有木叶卷成的或海狗皮切成的带子；有用植物纤维织成的或兽毛织成的绳子。绳子上串的，是 Mangrove 树的子、红珊瑚、螺壳、玳瑁、鸟羽、兽骨、兽牙等；也有用人指骨的。满洲人所用的朝珠，与欧美妇女所用的头饰，都是这一类。

其次腰饰：也有带子，用树叶、兽皮制成的。或是绳子，用植物纤维或人发编成的。绳子上往往系有腰裙，有用树叶编成的；有用鸵鸟羽，或蝙蝠毛，或松鼠毛束成的；有用短丝一排的；有用羚羊皮碎条一排，并缀上珠子或卵壳的。吾国周时有大带、素带等，唐以后，且有金带、银带、玉带等，现今军服也用革带，都起于初民的带子。又古人解说市字（韨字），说人类先知蔽前，后知蔽后，似是起于羞耻的意识。但观未开化民族所用的硬褌，多用碎条，并没有遮蔽的作用。且澳洲男女合组的舞蹈会，未婚的女子有腰褌，已婚的不用。遇着一种不纯洁的会，妇人也系鸟羽编成的腰褌。有许多旅行家说此等饰物，实因平日裸体，恬不为怪，正借饰物为刺激，与羞耻的意识的说明恰相反。

至于四肢的装饰，是在臂上、胫上，系着与颈饰同样的带子或绳子。后来稍稍进化一点的民族，才戴镯子。

上头所说的颈饰、腰饰等等，Eskimo 都是没有的。他们的装饰品，是衣服：有裘，有衣缝上缀着的皮条、兽牙、骨类、金类制成的珠子，古铜的小钟。男子有一种上衣，在后面特别加长，很像兽尾。

综观初民身上的装饰，他们最认为有价值的，就是光彩。所以 Feuerländer 人见了玻片，就拿去作颈饰。Buschmänner 得了铜铁的环，算是幸福。他们没有工艺，得不到文明民族最光彩的装饰品。但是自然界有许多供给，如海滩上的螺壳，林木上的果实与枝茎，动物的毛羽与齿牙，他们也很满足了。

他们所用的颜色：第一是红。Goethe 曾说，红色为最能激动感情，所以初民很喜欢他。就是中国人古代尚绯衣，清朝尊红顶，也是这个缘故。其次是黄，又其次是白、是黑，大约冷色是很少选用。只有 Eskimo 的唇钮，用绿色宝石，是很难得的。他们的选用颜色，与肤色很有关系。肤色黑暗的，喜用鲜明的色；所以澳人与 Mincopie 人用白色画身，澳人又用袋鼠白牙作颈饰。

肤色鲜明的，喜用黑暗之色，所以 Feuerländer 人用黑色画身，Buschmänder 人用暗色珠子作饰品。

用鸟羽作饰品，不但取他的光彩与颜色，又取他的形式。因为他在静止的时候，仍有流动的感态。自原人时代，直到现在的文明社会，永远占着饰品的资格。其次螺壳，因为他的自然形式，很像用精细人工制成的，所以初民很喜欢他。但在文明社会，只作陈列品的加饰了。

初民的饰品，都是自然界供给，因为他们还没有制造美术品的能力。但是他们已不是纯任自然，他们也根据着美的观念，加过一番工夫。他们把毛皮切成条子，把兽牙、木果等排成串子，把鸟羽编成束子或扇形，结在头上，都含有美术的条件：就是均齐与节奏。第一条件，是从官肢的性质上来的。第二条件，是从饰品的性质上得来的。因为人的官肢，是左右均齐，所以遇着饰品，也爱均齐。要是例外的不均齐，就觉得可笑或可惊了。身上的瘢痕与雕纹，偶有不均齐的，这不是他们不爱均齐，是他们美术思想最幼稚的时代，还没有见到均齐的美处。节奏也不是开始就见到的，是他们把兽牙或螺壳等在一条绳子上串起来，渐渐儿看出节奏的关系了。Botokuden 人用黑的浆果与白的兽牙相间的串上，就是表示节奏的美丽。不过这还是两种原质的更换；别种兽牙与螺壳的排列法，或利用质料的差别，或利用颜色与大小的差别，也有很复杂的。

身上刻画的花纹，与颈饰、腰饰上兽牙、螺壳的排列法，都是图案一类，但都是附属在身上的。到他们的心量渐广，美的观念寄托在身外的物品，才有器具上的图案。

他们有图案的器具，是盾、棍、刀、枪、弓、投射器、舟、橹、陶器、桶柄、箭袋、针袋等。

图案有用红、黄、白、黑、棕、蓝等颜料画的，有刻出的。

图案的花样，是点、直线、曲屈线、波纹线、十字、交叉线、三角形、方形、斜方形、卍字纹、圆形或圆形中加点等，也有写蝙蝠、蜥蜴、蛇、鱼、鹿、海豹等全形的。写动物全形，自是摹拟自然。就是形学式的图案，也是用自然物或工艺品作模范：譬如十字是一种蜥蜴的花纹；梳形是一种蜂窠的凸纹；曲屈线相联，中狭旁广的，是一种蝙蝠的花纹；双层曲屈线，中有直线的，是蝮蛇的花纹；双钩卍字，是 Cassinauhe 蛇的花纹；浪纹参黑点的，是 Anaconda 蛇的花纹；菱形参填黑的四角形的，是 Lagunen 鱼的花纹。其余可以类推。因为他们所摹拟的，是动物的一部分，所以不容易推求。至于所摹拟的工艺品，是编物：最简单的陶器，勒出平行线，斜方线，都像编纹；有时在长枪上摹拟草篮的花纹，在盾上棍上摹拟带纹结纹。也有人说，陶器上的花纹，是怕他过于光滑，不易把持，所以刻上的。又有联想的关系，因陶器的发明，在编物以后，所以瓶釜一类，用筐篮作模范。军器的锋刃，最早是用绳或带系缚在柄上，后来有胶法嵌法了，但是绳带的联想仍在，所以画起来或刻起来了。Freiburg 的博物院中，有两条澳人的枪。他们的锋，一是用绳缚住的；一是用树胶粘住的。但是粘住的一条，也画上绳的样子，与那一条很相像。这就是联想作用的证据。但不论为把持的便利，或为联想的关系，他们既然刻画得很精致，那就是美术的作用。

初民的图案，又很容易与几种实用的记号相混，如文字，如所有权标志，如家族徽章，如宗教上或魔术上的符号，都是。但是排列得很匀称的，就不见得是文字与标志。描画得详细，不是单有轮廓的，就不见得是符号。不是一家族的在一种器具上同有的，就不见得是徽章。又参考他们土人的说明，自然容易辨别了。

图案上美的条件，第一是节奏。单简的，是用一种花样，重复了若干次。复杂的，是用两种以上的花样，重复了若干次。就是文明民族的图案，也是这样。第二是均齐。初民的图案，均齐的固然很多，不均齐的也很不少。例如澳人的三个狭盾，一个是在双弧线中间填曲屈线，左右同数，是均齐的。他一个，是两方均用双钩的曲屈线，但一端三数，一端四数。又一个，是两方均用 r 纹，但一方二数，一方三数。为什么两方不同数？因为有一种动物的体纹是这样。他们纯粹是摹拟主义，所以不求均齐了。

图案的取材，全是人与动物，没有兼及植物。因为游猎民族，用猎得的动物作经济上的主要品。他们妇女虽亦捃拾植物，但作为副品，并不十分注意。所以刻画的时候，竟没有想到。

图案里面，有描出动物全体的，这就是图画的发端。Eskimo 人骨制的箭袋，竟雕成鹿形。又有两个针袋，一个是鱼形，又一个是海豹形。这就是造像的发端。

造像术是寒带的民族擅长一点儿。如 Hyperborä 人有骨制的人形、鱼形、海狗形等；Alöuten 人有鱼形、狐形等；Eskimo 人有海狗形等，都雕得颇精工，不是别种游猎民族所有的。

图画是各民族都很发达。但寒带的人，是刻在海象牙上，或用油调了红的黏土、黑的煤，画在海象皮上。所画的除动物形外，多是人生的状况，如雪舍、皮幕、行皮船、乘狗橇、用权猎熊与海象等。据 Hildebrand 氏说，Tuhuetschen 人曾画月球里的人，因为他画了一个戴厚帽的人，在一个圆圈的中心点。

别种游猎民族，如澳人、Buschmänner 人都有摩崖的大幅。在鲜明的岩石上，就用各种颜色画上。在黑暗的岩壁上，先用坚石划纹，再填上鲜明的颜色。也有先用一种颜色填了底，再用别种颜色画上去的。澳人有在木制屋顶上，涂上烟煤，再用指甲作画的。又有在木制墓碑上，刻出图像的。

澳人用的颜色，以红、黄、白三种为主。黑的用木炭。蓝的不知出何等材料。调色用油。画好了，又用树胶涂上，叫他不褪。Buschmänner 人多用红、黄、棕、黑等色，间用绿色。调色用油或血。

图画的内容，动物形象最多，如袋鼠、象、犀、麒麟、水牛、各种羚羊、鬣狗、马、猿猴、鸵鸟、吐绶鸡、蛇、鱼、蟹、蜥蜴、甲虫等。也画人生状况，如猎兽、刺鱼、逐鸵鸟及舞蹈会等。间亦画树，并画屋、船等。

澳人的图画，最特别的是西北方上 Glenelg 山洞里面的人物画。第一洞中，在斜面黑壁上，用白色画一个人的上半截。头上有帽，带着红色的短线。面上画的眼鼻很清楚，其余都缺了。口是澳人从来不画的。面白。眼圈黑。又用红线黄线，描他的外廓。两只垂下的手，画出指形。身上有许多细纹，或者是瘢痕，或是皮衣。在他的右边，又画了四个女子，都注视这个人。头上都戴着深蓝色的首饰，有两个戴发束。第二洞中，有一个侧面人头的画，长二尺，宽十六寸。第三洞中，有一个人的像，长十尺六寸。自颔以下，全用红色外套裹着，仅露手足。头向外面，用圈形的巾子围着。这个像是用红、黄、白三色画的。面上只画两眼，头巾外围，界作许多红线，又仿佛写上几个字似的。

Buschmänner 的图画，最特别的是 Hemon 相近的山洞中的盗牛图。图中一个 Buschmänner 的村落，藏着盗来的牛。被盗的 Kaffern 人追来了。一部分的 Buschmänner 人，驱着牛逃往他处，多数的拿了弓箭来对抗敌人。最可注意的，是 Buschmänner 人躯干虽小，画得筋力很强；Kaffern 人虽然长大，但筋力是弱的。画中对于实物的形状与动作，很能表现出来。

这些游猎民族，虽然不知道现在的直线配景，与空气映景等法，但他们已注意于远近不同的排列法，大约用上下相次来表明前后相次，与埃及人一样。他们的写象实物，很有可惊的技能：（1）因为他们有锐利的观察与确实的印象。（2）因为他们的主动机关与感觉机关适当的应用。这两种，都是游猎时代生存竞争上所必需的。

在图画与雕像两种以外，又有一种类似雕像的美术，是假面。是西北海滨红印度人的制品，是出于不羁的想象力，与上面所述写实派的雕像与图画很有点不同。动物样子最多，作人面的，也很不自然，故作妖魔的形状。与西藏黄教的假面差不多。

初民的美术，最有大影响的是舞蹈。可分为两种：一种是操练式（体操式），一种是游戏式（演剧式）。操练式舞蹈，最普及的是澳人的 Corroborris。Mincopie 人与 Eskimo 人，也都有类此的舞蹈。他们的举行，最重要的，是在两族间战后讲和的时候。其他如果蓏成熟、牡蛎收获、猎收丰多、儿童成丁、新年、病愈、丧毕、军队出发、与别族开始联欢等，也随时举行。举行的地方，或丛林中空地，或在村舍。Eskimo 人有时在雪舍中间。他们的时间，总在月夜，又点上火炬，与月光相映。舞蹈的总是男子，女子别组歌队。别有看客。有一个指挥人，或用双棍相击，或足蹴发音盘，作舞蹈的节拍。他们的舞蹈，总是由缓到急。即便到了最急烈的时候，也没有不按着节拍的。

别有女子的舞蹈，大约排成行列，用上身摇曳，或两胫展缩作姿势。比男子的舞蹈，静细得多了。

游戏式舞蹈，多有摹拟动物的，如袋鼠式、野犬式、鸵鸟式、蝶式、蛙式等。也有摹拟人生的，以爱情与战斗为最普通。澳人并有摇船式、死人复活式等。

舞蹈的快乐，是用一种运动发表他感情的冲刺。要是内部冲刺得非常，外部还要拘束，就觉得不快。所以不能不为适应感情的运动。但是这种运动，过度放任，很容易疲乏，由快感变为不快感了。所以不能不有一种规则。初民的舞蹈，无论活动到何等激烈，总是按着节奏，这是很合于美感上条件的。

舞蹈的快乐，一方面是舞人，又一方面是看客。舞人的快乐，从筋骨活动上发生。看客的快乐，从感情移入上发生。因看客有一种快乐，推想到儗人的鬼神也有这种感情，于是有宗教式舞蹈。宗教式舞蹈，大约各民族都是有的。但见诸记载的，现在还只有澳人。他们供奉的魔鬼，叫作 Mindi，常有人在供奉他的地方，举行舞蹈。又有一种，在舞蹈的中间，擎出一个魔像的。总之，舞蹈的起原，是专为娱乐，后来才组入宗教仪式，是可以推想出来的。

初民的舞蹈，多兼歌唱。歌唱的词句，就是诗。但他们独立的诗歌，也不少。诗歌是一种语言，把个人内界或外界的感触，向着美的目标，用美的形式表示出来。所以诗歌可分作两大类：一是主观的，表示内界的感情与观念，就是表情诗（Lyrik）。一是客观的，表示外界的状况与事变，就是史诗与剧本。这两类都是用感情作要素，是从感情出来，仍影响到感情上去。

人类发表感情，最近的材料，与最自然的形式，是表情诗。他与语言最相近，用一种表情的语言，按着节奏慢慢儿念起来，就变为歌词了。《尚书》说："歌永言。"《礼记》说："言之不足，故长言之。长言之不足，故咏叹之。"就是这个意思。Ehrenreich氏曾说，Botokuden人在晚上把昼间的感想咏叹起来，很有诗歌的意味。或说今日猎得很好，或说我们的首领是无畏的。他们每个人把这些话按着节奏的念起来，且再三地念起来。澳洲战士的歌，不是说刺他哪里，就说我有什么武器。竟把这种同式的语，迭到若干句。均与普通语言，相去不远。

他们的歌词，多局于下等官能的范围，如大食、大饮等。关于男女间的歌，也很少说到爱情的。很可以看出利己的特性。他总是为自己的命运发感想，若是与他人表同情的，除了惜别与挽词，就没有了。他们的同情，也限于亲属，一涉外人，便带有注意或仇视的意思。他们最喜欢嘲谑，有幸灾乐祸的习惯。对于残废的人，也要有诗词嘲谑他。偶然有出于好奇心的：如澳人初见汽车的喷烟，与商船的鹢首，都随口编作歌词。他们对于自然界的伟大与美丽，很少感触，这是他们过受自然压制的缘故。惟Eskimo人，有一首诗，描写山顶层云的状况，是很难得的。他的大意如下：

> 这很大的 Koonak 山在南方 / 我看见他；/ 这很大的
> Koonak 山在南方 / 我眺望他；/ 这很亮的闪光，从南方
> 起来，/ 我很惊讶。/ 在 Koonak 山的那面，/ 他扩充开
> 来，/ 仍是 Koonak 山 / 但用海包护起来了。/ 看啊！他
> （云）在南方什么样？/ 滚动而且变化；/ 看呵！/ 他在

南方什么样？／交互的演成美观。／他（山顶）所受包护的海，／是变化的云；包护的海，／交互的演成美观。

有些人，说诗歌是从史诗起的。这不过因为欧洲的文学史，从 Homer 的两首史诗起。不知道 Homer 以前，已经有许多非史的诗，不过不传罢了。大约史诗的发起，总在表情诗以后。澳洲人与 Mincopie 人的史诗，不过参杂节奏的散文；惟有 Eskimo 的童话，是完全按着节奏编的。

普通游猎民族的史诗，多说动物生活与神话；Eskimo 多说人生。他们的著作，都是单量的（Ein Dimension），是线的样子。他们描写动物的性质，往往说到副品为止，很少能表示他特别性质与奇异行为的。说人生也是这样，总是说好的坏的这些普通话，没有说到特性的。说年长未婚的人，总是可笑的。说妇女，总是能持家的。说寡妇，总是慈善的。说几个兄弟的社会，总是骄矜的、粗暴的、猜忌的。

Eskimo 有一篇小 Kagsagsuk 的史诗，算是程度较高的。他的大意如下：

Kagsagsuk 是一个孤儿，寄养在一个穷的老妪家里。这老妪是住在别家门口的一个小窖，不能容 K.。K. 就在门口偎着狗睡，时时受大人与男女孩童的欺侮。他有一日独自出游，越过一重山，忽然有求强的志愿，想起老妪所授魔术的咒语，就照式念着。有一神兽来了，用尾拂他。由他的身上排出许多海狗骨来，说这些就是阻碍他身体发展的。排了几次，愈排愈少，后来就没有了。回去的时候，觉得很有力了。但是遇着别的孩童欺侮他，他还是忍耐着。又日日去访神兽，觉得一日一日地强起来。有一回，神兽说道："现在够了！但是要忍耐着。等到冬季，海冻了，有大熊来，你去捕他。"他回去，有欺侮他的，他仍旧忍耐着。冬季到了，有人来报告："有三个大熊，在冰山上，没有人敢近他。"K.听到了，告他的养母要去看看。养母嘲笑他道："好，你给我带两张熊皮来，可作褥子同盖被。"他出去的时候，大家都笑看他。他跑到冰山上，把一只熊打死了，掷给众人，让他们分配去。又把那两只都打死了，剥了皮，带回家去，送给养母，说是褥子与盖被来了。那时候邻近的人，平日轻蔑他的，都备了酒肉，请他饮食，待他很恳切。他有点醉了，向一个替他取水的女孩子道谢的时候，忽然把这个女孩子将死了。女孩子的父母不敢露出恨他的意思。忽然一群男孩子来了，他刚同他们说应该去猎海狗的话，忽然逼进队里，把一群孩子都打死了。他们这些父母，都不敢露出恨他的意思。他忽然复仇心大发了，把从前欺侮他的人，不管男女壮少，统统打死了。剩了一部分苦人，向来不欺侮他的，他同他们很要好，同消受那冬期的储蓄品。他挑了一只最好的船，很勤地练习航海术，常常作远游，有时往南，有时往北。他心里觉得很自矜了，他那武勇的名誉也传遍全地方了。

多数美术史家与美学家，都当剧本是诗歌最后的；这却不然。演剧的要素，就是语言与姿态同时发表。要是用这个定义，那初民的讲演，就是演剧了。初民讲演一段故事，从没有单纯口讲的，一定随着语言，做出种种相当的姿势，如 Buschmänner 遇着代何种动物说语，就把口做成那一个动物的口式。Eskimo 的讲演，述那一种人的话，就学那一种人的音调，学得很像。我们只要看儿童们讲故事，没有不连着神情与姿态的，就知道演剧的形式是很自然、很原始的了。所以纯粹的史诗，倒是诗歌三式中最后的一式。

普通人对于演剧的观念，或不在兼有姿态的讲演，反重在不止一人的演作。就这个狭义上观察，也觉得在低级民族，早已开始了。第一层，在 Grönland 有两人对唱的诗，并不单是口唱，各做出许多姿态，就是演剧的样子。而且这种对唱，在澳洲也是常见的。第二层，游戏式舞蹈，也是演剧的初步。由对唱到演剧，是添上地位的转动。由舞蹈到演剧，是添上适合姿态的语言。讲到内部的关系，就不容易区别了。

Alëuten 人有一出哑戏。他的内容，是一个人带着弓，作猎人的样子。别一个人扮了一只鸟。猎人见了鸟，做出很爱他，不愿害他的样子。但是鸟要逃了，猎人很着急；自己计较了许久，到底张起弓来，把鸟射死了。猎人高兴地跳舞起来。忽然，他不安了，悔了，于是乎哭起来了。那只死鸟又活了，化了一个美女，与猎人挽着臂走了。

澳洲人也有一出哑戏，但有一个全剧指挥人，于每幕中助以很高的歌声。第一幕，是群牛从林中出来，在草地上游戏。这些牛，都是土人扮演的，画出相当的花纹。每一牛的姿态，都很合自然。第二幕，是一群人向这牧群中来，用枪刺两牛，剥皮切肉，都做得很详细。第三幕，是听着林中有马蹄声起来了，不多时，现出白人的马队，放了枪把黑人打退了。不多时，黑人又集合起来，冲过白人一面来，把白人打退了，逐出去了。

这些哑戏，虽然没有相当的诗词，但他们编制很有诗的意境。

在文明社会，诗歌势力的伸张，半是印刷术发明以后传播便利的缘故。初民既没有印刷，又没有文字，专靠口耳相传，已经不能很广了。他们语音相同的范围又是很狭。他们的诗歌，除了本族以外，传到邻近，就同音乐谱一样了。

文明社会，受诗歌的影响，有很大的，如希腊人与 Homer，意大利人与 Dante，德意志人与 Goethe，是最著的例。初民对于诗歌，自然没有这么大影响；但是他们的需要，也觉得同生活的器具一样。Stokes 氏曾说，他的同伴土人 Miago 遇着何等对象，都很容易很敏捷地构成歌词。而且说，不是他一人有特别的天才，凡澳人普通如此。Eskimo 人也是各有各的诗。所以他们并不怎么样地崇拜诗人。但是对于诗歌的价值，是普通承认的。

与舞蹈、诗歌相连的，是音乐。初民的舞蹈，几乎没有不兼音乐的。仿佛还偏重音乐一点儿。Eskimo 舞蹈的地方，叫作歌场（Quaggi）；Mincopie 人的舞蹈节，叫作音乐节。

初民的唱歌，偏重节奏，不用和声。他们的音程也很简单，有用三声的，有用四声的，有用六声的。对于音程，常不免随意出入。Buschmänner 的音乐天才，算是最高。欧人把欧洲的歌教他们，他们很能仿效。Liehtenstein 氏还说，很愿意听他们的单音歌。

他们所以偏重节奏的缘故：一是因他本用在舞蹈会上；二是乐器的关系。

初民的乐器，大部分是为拍子设的。最重要的是鼓。惟Botokuden人没有这个，其余都是有一种，或有好几种。最早的形式，怕就是澳洲女子在舞蹈会上所用的，是一种绷紧鼓的袋鼠皮，平日还可以披在肩上作外套的，有时候把土卷在里面。至于用兽皮绷在木头上面的做法，是在 Melanesier 见到的。澳北Queenländer 有一种最早的形式，是一根坚木制成的粗棍，打起来声音很强，这种声杖，恰可以过渡到 Mincopie 人的声盘。声盘是舞蹈会中指挥人用的，是一种盾状的片子，用坚木制成的；长五尺，宽二尺；一面凸起，一面凹下；凹下的一面，用白垩画成花纹。用的时候，凹面向下；把窄的一端嵌入地平，指挥人把一足踏住了；为加增嘈音起见，在宽的一端，垫上一块石头。Eskimo人用一种有柄的扁鼓，他的箍与柄，都是木制，或用狼的腿骨制；他的皮，是用海狗的，或驯鹿的；直径三尺；用长十寸粗一寸的棍子打的。Buschmänner 的鼓，荷兰人叫作 Rommelpott，是用一张皮绷在开口的土瓶或木桶上面，用指头打的。

Eskimo 人、Mincopie 人与一部分的澳洲人，除了鼓，差不多没有别的乐器了。独有澳北 PortEssington 土人有一种箫，用竹管制的，长二三尺，用鼻孔吹他。Botokuden 人没有鼓，有两种吹的乐器：一是箫，用 Taquara 管制的，管底穿几个孔，是妇女吹的。二是角，用大带兽的尾皮制的。

Buschmänner 有用弦的乐器。有几种不是他们自己创造的：一种叫 Guitare，是从非洲黑人得来。一种壶卢琴，从 Hottentotten 得来。壶卢琴是木制的底子，缀上一个壶卢，可以加添反响；有一条弦，又加上一个环，可以伸缩他颤声的部分。止有 Gora，可信是 Buschmänner 固有的、最早的弦器，他是弓的变形。他有一弦，在弦端与木槽的中间，有一根切成薄片的羽茎插入。这个羽茎，由奏乐的用唇扣着，凭着呼吸去生出颤动来，如吹洞箫的样子。这种由口气发生的谐声，一定很弱；他那拿这乐器的右手，特将第二指插在耳孔，给自己的声觉强一点儿。他们奏起来，竟可到一点钟的长久。

总之初民的音乐，唱歌比器乐发达一点。两种都不过小调子，又是偏重节奏，那谐声是不注意的。他那音程，一是比较的简单；二是高度不能确定。

至于音乐的起源，依达尔文说，是我们祖先在动物时代，借这个刺激的作用，去引诱异性的。凡是雄的动物，当生殖欲发动的时候，鸣声常特别发展，不但用以自娱，且用以求媚于异性。所以音乐上的主动与受动，全是雌雄淘汰的结果。但诱导异性的作用，并非专尚柔媚，也有表示勇敢的。譬如雄鸟的美翅，固是柔媚的；牡狮的长鬣，却是勇敢的。所以音乐上遗传的，也有激昂一派，可以催起战争的兴会。现在行军的没有不奏军乐。据Buckler 与 Thomas 所记，澳洲土人将要战斗的时候，也是把唱歌与舞蹈激起他们的勇气来。

又如叔本华说各种美术，都有模仿自然的痕迹，独有音乐不是这样，所以音乐是最高尚的美术。但据 Abbé Dubos 的研究，音乐也与他种美术一样，有模仿自然的。照历史上及我们经验上的证明，却不能说音乐是绝对没有模仿性的。

要之音乐的发端，不外乎感情的表出。有快乐的感情，就演出快乐的声调；有悲惨的感情，就演出悲惨的声调。这种快乐或悲惨的声调，又能引起听众同样的感情。还有他种郁愤、恬淡等等感情，都是这样。可以说是人类交通感情的工具。斯宾塞尔说

"最初的音乐，是感情激动时候加重的语调"，是最近理的。如初民的音乐，声音的高度，还没有确定，也是与语调相近的一端。

现在综合起来，觉得文明人所有的美术，初民都有一点儿。就是诗歌三体，也已经不是混合的初型，早已分道进行了。止有建筑术，游猎民族的天幕、小舍，完全为避风雨起见，还没有美术的形式。

我们一看他们的美术品，自然觉得同文明人的著作比较，不但范围窄得多，而且程度也浅得多了。但是细细一考较，觉得他们所包含美术的条件，如节奏、均齐、对比、增高、调和等等，与文明人的美术一样。所以把他们的美术与现代美术比较，是数量的差别比种类的差别大一点儿；他们的感情是窄一点儿，粗一点儿；材料是贫乏一点儿；形式是简单一点儿，粗野一点儿；理想的寄托，是幼稚一点儿。但是美术的动机、作用与目的，是完全与别的时代一样。

凡是美术的作为，最初是美术的冲动（这种冲动，是各别的，如音乐的冲动，图画的冲动，往往各不相干。不过文辞上可以用"美术的冲动"的共名罢了）。这种冲动，与游戏的冲动相伴，因为都没有外加的目的。又有几分与摹拟自然的冲动相伴，因而美术上都有点摹拟的痕迹。这种冲动，不必到什么样的文化程度，才能发生；但是那几种美术的冲动，发展到一种什么程度，却与文化程度有关。因为考察各种游猎民族，他们的美术，竟相类似，例如装饰、图像、舞蹈、诗歌、音乐等，无论最不相关的民族，如澳洲土人与 Eskimo 竟也看不出差别的性质来。所以 Taine 的"民族特性"理论，在初民还没有显著的痕迹。

这种彼此类似的原因，与他们的生活，很有关系。除了音乐以外，各种美术的材料与形式，都受他们游猎生活的影响。看他们的图案，止摹拟动物与人形，还没有采及植物，就可以证明了。

Herder 与 Taine 二氏，断定文明人的美术，与气候很有关系。初民美术，未必不受气候的影响，但是从物产上间接来的。在文明人，交通便利，物产上已经不受气候的限制，所以他们美术上所受气候的影响，是精神上直接的。精神上直接的影响，在初民美术上，还没有显著的痕迹。

初民美术的开始，差不多都含有一种实际上目的，例如图案是应用的便利；装饰与舞蹈，是两性的媒介；诗歌、舞蹈与音乐，是激起奋斗精神的作用；尤如家族的徽志，平和会的歌舞，与社会结合，有重要的关系。但各种美术的关系，却不是同等。大约那时候，舞蹈是很重要的。看西洋美术史，希腊的人生观，寄在造像；中古时代的宗教观念，寄在寺院建筑；文艺中兴时代的新思潮，寄在图画；现在人的文化，寄在文学；都有一种偏重的倾向。总之，美术与社会的关系，是无论何等时代，都是显著的了。从柏拉图提出美育主义后，多少教育家都认美术是改造社会的工具。但文明时代分工的结果，不是美术专家，几乎没有兼营美术的余地。那些工匠，日日营机械的工作，一点没有美术的作用参在里面，就觉枯燥得了不得，远不及初民工作的有趣。近如 Morris 痛恨于美术与工艺的隔离，提倡艺术化的劳动，倒是与初民美术的境象，有点相近。这是很可以研究的问题。

1920 年 5 月

美术批评的相对性

我们对于一种被公认的美术品，辄以"有目共赏"等词形容之。然考其实际，决不能有如此的普遍性。孔子对于善恶的批评，尝谓乡人皆好、乡人皆恶均未可，不如乡人之善者好之，其不善者恶之。美丑也是这样，与其要人人说好，还不如内行的说好，外行的说丑，靠得住一点。这是最普通的一点。至于同是内行，还有种种关于个性与环境的牵制，也决不能为绝对性，而限于相对性。请举几条例。

（一）习惯与新奇

我们对于素来不经见的事物，初次接触，觉得格格不相入。在味觉上，甲地人尝到乙地食物时，不能下咽；在听觉上，东方人初听西方音乐时，觉得不入耳。若能勉强几次，渐渐儿不觉讨厌，而且引起兴味。所以一切美术品，若批评者尚未到相习的程度，就容易抹杀他的佳处。反之，我们还有一种习久生厌的心理。常住繁华城市中的人，一到乡村，觉得格外清幽；而过惯单调生活的人，又以偶享繁复的物质文明为快乐。美术批评，或惯于派别不同的，而严于派别相同的，就起于这种心理。

（二）失望与失惊

对于平日间素所闻名的作家，以为必有过人的特色；到目见以后，觉得不过尔尔，有所见不逮所闻的感想，就不免抑之太甚。对于素不相识的，初以为不足注意，而忽然感受点意外的刺激，就不免逾格地倾倒。

（三）阿好与避嫌

同一瑕不掩瑜的作品，作者与自己有交情的，就取善之从者的态度；若是与自己有意见的，就持吹毛求疵的态度，这是普通的偏见。但也有因这种偏见的普通而有意避免的，他的态度，就完全与上述相反。

（四）雷同与立异

对于享受盛名的人，批评家不知不觉地从崇拜方面说话；就是有不满意处，也因慑于权威而轻轻放过。但也有与此相反的心理，例如王渔洋诗派盛行的时候，赵秋谷等偏攻击他。文西在弗罗绫斯大受欢迎的时候，弥楷朗赛罗偏轻视他。这也是批评家偶有的事实。

（五）陈列品的位置与叙次

美术品的光色，非值适当的光线，不容易看出；观赏者非在适当的距离与方向，也不能捉住全部的优点。巴黎卢佛儿对于文西的《摩那丽赛》，荷兰国之美术馆对于兰勃郎的《夜巡图》，都有特殊的装置。就是这个缘故，在罗列众品的展览会，每一种美术，决不能均占适宜的地位。观察的感想，就不能望绝对的适应。又因位置的不同，而观赏时有先后，或初见以为可取，而屡见则倾于厌倦；当厌倦时而忽发见有一二特殊点，则激刺较易。这也是批评者偶发的情感，不容易避免的。

　　右列诸点，均足以证明一时的批评，是相对的，而非绝对的。批评者固当注意，而读批评的人，也是不能不注意的。

1929 年 4 月 28 日

在北大画法研究会演说词

今日为画法研究会第二次始业式，人数视前增加，是极好的现象。此后对于习画，余有二种希望，即多作实物的写生，及持之以恒二者是也。

中国画与西洋画，其入手方法不同。中国画始自临摹，外国画始自实写。《芥子园画谱》，逐步分析，乃示人以临摹之阶。此其故，与文学、哲学、道德有同样之关系。吾国人重文学，文学起初之造句，必倚傍前人，入后方可变化，不必拘拟。吾国人重哲学，哲学亦因历史之关系，其初以前贤之思想为思想，往往为其成见所囿，日后渐次发展，始于已有之思想，加入特别感触，方成新思想。吾国人重道德，而道德自模范人物入手。三者如是，美术上遂亦不能独异。西洋则自然科学昌明，培根曰：人不必读有字书，当读自然书。希腊哲学家言物类原始，皆托于自然科学。亚里士多德随亚力山大王东征，即留心博物学。德国著名文学家鞠台喜研究动植物，发见植物千变万殊，皆从叶发生。西人之重视自然科学如此，故美术亦从描写实物入手。今世为东西文化融和时代。西洋之所长，吾国自当采用。抑有人谓西洋昔时已采用中国画法者，意大利文学复古时代，人物画后加以山水，识者谓之中国派；即法国路易十世时，有罗科科派，金碧辉煌，说者谓参用我国画法。又法国画家有摩耐者，其名画写白黑二人，惟取二色映带，他画亦多此类，近于吾国画派。彼西方美术家，能采用我人之长，我人独不能采用西人之长乎？故甚望中国画者，亦须采西洋画布景写实之佳，描写石膏物像及田野风景，今后诸君均宜注意。此予之希望者一也。

又昔人学画，非文人名士任意涂写，即工匠技师刻画模仿。今吾辈学画，当用研究科学之方法贯注之。除去名士派毫不经心之习，革除工匠派拘守成见之讥，用科学方法以入美术。美虽由于天才，术则必资练习。故入会后当认定主义，誓以终身不舍。兴到即来，时过情迁，皆当痛戒。诸君持之以恒，始不负自己入斯会之本意。此予之希望者二也。

除此以外，余欲报告者三事：（1）花卉画导师陈师曾先生辞职，本会今后拟别请导师，俟决定后再行发表。（2）画会会所急求扩充，俟觅得相当地点，再行迁徙，与各会联络一起。（3）上学年所拟向收藏家借画办法，本年拟实行，拟请冯汉叔先生筹之。

1918 年

旅法中国美术展览会招待会演说词

这一次，我们在欧洲研究美术的诸同学，发起一个中国美术会，由研究科学的诸同学共同经营，并受中法各方面同志的赞助，业于昨日开幕，参观的都很满意。诸同学赞扬祖国美术的热心，与要把祖国美术与世界美术互换所长的希望，都已表示出来。今日又承诸同学在此举行宴会，代表我们祖国的陈公使与各位来宾、法国方面这次赞助展览会的官吏与学者，都肯光临，这实在是一个非常的盛会。我于感谢诸位同学与来宾之际，有一种感觉，就是学术上的调和，与民族间的调和。

有人疑科学家与美术家是不相容的，从科学方面看，觉得美术家太自由，不免少明确的思想；从美术方面看，觉得科学家太枯燥，不免少活泼的精神。然而事实上并不如此，因为爱真爱美的性质，是人人都有的。虽平日的工作，有偏于真或偏于美的倾向；而研究美术的人，决不致嫌弃科学的生活；专攻科学的人，也决不肯尽弃美术的享用。文化史上，科学与美术，总是同时发展。美术家得科学家的助力，技术愈能进步；科学家得美术的助力，研究愈增兴趣。看此次科学家与美术家共同布置的情形，与今日欢宴的状况，也可以证明的。

有人疑两民族相接触，为生存竞争的原故，一定是互相冲突的。但是眼光放大一点，觉得两民族间的利害，共同的一定比冲突的多。就是偶然有点冲突的，也大半出于误会；只要彼此互相了解，一定能把冲突点解除的。性质相异的两民族互相了解的进行，稍难一点；若性质相近的，进行很易。我觉得法国人与中国人性质相近的很多。例如率真、和易、勤而不吝、自爱而不骄、不为偏狭之爱国主义而牺牲世界主义，都是相同的。在美术上都是优美的多，很少神秘性与压迫性。看此次展览会承法国官吏与学者竭诚赞助，与今日在此欢宴的状况，也是可以证明的。

　　我向来觉得美是各种相对性的调和剂，今日感到这两种的调和作用，我觉得非常愉快。我再感谢诸位同学与诸位来宾给我这么一个机会。

1924 年

创办国立艺术大学之提案

（一）重要理由　美育为近代教育之骨干。美育之实施，直以艺术为教育，培养美的创造及鉴赏的知识，而普及于社会。是故东西各国，莫不有国立美术专门学校、音乐院、国立剧场等之设立，以养成高深艺术人才，以谋美育之实施与普及，此各国政府提倡美育之大概情形也。中国鼎革以来，各种学校日渐推广；惟国立艺术学校，仅于民国七年在北京设立一校，然几经官僚之把持，军阀之摧残，已不成其为艺术学校矣；况经费困难，根本组织即不完善耶。我国民政府为励行革命教育计，尤不可不注意富有革命性之艺术教育，急谋所以振兴之。除北伐成功，将北京学校收回扩大，以为发展华北艺术教育之大本营外，以中国地域之广，人口之众，教育当务之急，应在长江流域设一国立艺术大学，以资补救，而便提倡。此本会向中华民国大学院建议创办国立艺术大学之最大理由也。

（二）适当地址　美育之目的，在于陶冶活泼敏锐之性灵，养成高尚纯洁之人格，故为达到美育实施之艺术教育，除适当之课程外，尤应注意学校的环境，以引起学者清醇之兴趣、高尚之精神。故校舍应择风景都丽之区，建筑应取东西各种作风之长，而以单纯雄壮为条件，期与天然美相调和，而切于实用。环顾国内各省形势，以山水论，川蜀最奇，然地逼边陲，交通殊多未便；

庐山为长江第一名胜，亦以去大埠略远，非有巨资不易建设；金陵为总理指定之首都，有山有水，办理固所宜也，但城市嚣张之气日盛，加以政治未上轨道，政潮起伏，常影响学校之秩序与安全。窃以为最适宜者，实莫过于西湖。盖其地山水清秀，逶迤数百里，能包括以上各名胜之长，而补其所不足。且该地庙宇建筑，颇多宏丽，若就改造，可省建筑费一大部分。况庙宇所占之地，风景绝佳，欲另建筑，胜地已不易得。将来若能将湖滨一带，拨归艺大管辖，加以整理，设立美术馆、音乐院、剧场等，成为艺术之区，影响于社会艺术前途，岂不深且远耶！

（三）最低经费　在毫无艺术教育基础之中国，创办艺术最高学府，非累数十百万，本难措手，但以极节省极简要之组织及方法行之，亦可省许多经费。譬如办事方面，本欲以十人分作之事，而以二人合作之；本欲照习惯支五百或二百五十元之薪俸者，而以四百元或一百五十元分配之，则所省殊不少。如果更以一次应行购置之图书教具，而以逐年渐次行之，最先止于勉强应用，则开办所省又特多矣。所最不可省者，厥为教员薪俸，此学校命脉所关，稍不敷用，则教员生活不能安定，缺席之事必多，学校精神因此颓唐，教育前途不堪设想。本提案内预算表，以五院之多，教员暂采兼任制，以三十六人至四十人为度。职员自校长至书记，暂定二十四人，杂役十六人，第一年经费不过十二万零九百六十元。开办费，连修葺校舍及购置石膏模塑，建筑仪器各大宗，犹不过二万八千九百元，合计第一年经费尚不满十五万（十四万〇九百八十元）。比之其他国立大学，动需三四十万者，不过三分之一，或十分之五也。想政府对于此十余万元全国惟一之艺术教育费，当不难设法筹足之也。

（四）着手办法理　理由成立、地点决定、预算通过后，此处详叙办法：应即于十七年一月内，请大学院延聘具有艺术教育经验及热心教育者九人至十一人，组织筹备委员会，讨论大学组织法及课程纲要，与一切筹备事宜，并设办事处于西湖。派常务委员二人，常驻该处，办理校舍之修葺或建筑事项。派代表一人至法国或日本，采办石膏模型及各种图书仪器，以为第一学年必需之教具。

大学预定组织为五院：（1）国画院，（2）西画院，（3）图案院，（4）雕塑院，（5）建筑院。〔或将中、西画合并，则（1）绘画院，（2）雕塑院，（3）建筑院，（4）工艺美术院等四大院；但科目班次，教员均不能裁减〕每院招新生两班，每班二十五人至三十人，不足时得招选科生若干补充之。以后每年新生班次，视投考学生之多寡为伸缩，但至多每院亦设一班。全国各私立学校学生转学办法，均从第二学年起，无论曾在私立学校修业若干年，均从第二学年起凭考试插入二年级；不得专为转学学生，再开最高年级班次。此外，至学校成立四年后，设立研究院，本院四年级高材生及校外有艺术天才之私立艺术学校学生，皆得投考该院。至本校修业五年期满、受过毕业考试者，均可自由请求入院，再求深造。此国立艺术大学之大体计划也。

1928 年

与《时代画报》记者谈话

记者：蔡先生以前曾看过《时代画报》没有？

蔡：看过，而且很喜欢看。

记者：不知先生有什么指教没有？

蔡：我以为画报实在是社会上极需要的一种刊物。我们中国太多的是看不见的东西。譬如文章，不错，文章里面有什么东西都讲到的，但是尽使他形容得多少美丽，描写得多少真切，结果我们仍不过是读到了文章。峨眉山、希马拉亚山的高，莱芒湖、西湖的美，万里长城、凯旋门的雄伟，尼加拉瀑布的壮大等，读文章总不如见到了形状来得更可以感动。况且从文章里读来的和照相里看到的，根本是两样东西，印象也不同。余如世界的名画，当然我们没有几个人能有那种机会亲自去看。哄动一时的新闻与人物，我们也不能每次在场，或是按户去拜访，那么有了画报，多少便可以去安慰这样渴望的一部分了。当然，如能每一样都能见到真迹是更幸福的事，但是这几乎是不可能的事。所以我极赞成有图画的刊物。说大一些，竟然是极有关系于国家社会的前途的。希望你们努力做去，你们的责任是极大的，你们的功劳实在不小。

记者：承蒙蔡先生赞许，我们当然要更加努力。

蔡：我还希望你们能多征集些工艺美术的材料。

记者：是的，这是在我们计划中的。关于工艺美术，我们也希望你赐教些意见。

蔡：我们中国在唐代前后极是注重工艺美术的。便是工艺美术也是在那时候最兴盛。这可以算是我国文化的全盛时期。我国的绘画本来就偏重于图案方面，工艺美术因此有很好的成绩是意中事。

记者：先生对于欧洲的图画有什么意见？

蔡：那是一国有一国的特长，我是没有不喜欢的。

记者：先生以为我国的图案是否应当去受外国的影响？有许多人以为我国的图案画当完全保持他固有的特趣，是不宜渗入些异国情调的。

蔡：当然一方有一方的理由。不过我以为如能参考了外国的作品，采取得当，而溶化在一起，造成一种新中国的图案画，以应付现时代的需求，是也未始不可的。

记者：先生主持的中央研究院陶瓷试验场已有不少的出品了吧？

蔡：成绩还不差。我国的陶器，本来可以说是全世界最好的一种。但是历来已少有人去注意，制瓷不过供日用的器皿，只图金钱，但知模仿前代而无有创造，因之缺少了改进，一天天退步下来，反而不及外国远远了。我们早就觉察到这一种落后的羞耻，因此有陶瓷试验场的设立，俾我国固有的一种艺术有重见天日的一天。

记者：先生以前提倡的"美育"，现在外面又有许多人在讨论这个问题了，是不是？

蔡：是吧？我以前曾经很费了些心血去写过些文章；提倡

人民对于美育的注意。当时有许多人加入讨论，结果无非是纸上空谈。我以为现在的世界，一天天望科学路上跑，盲目地崇尚物质，似乎人活在世上的意义只为了吃面包，以致增进食欲的劣性，从竞争而变成抢夺，我们竟可以说大战的酿成，完全是物质的罪恶。现在外面谈起第二次世界大战的议论很多，但是一大半只知裁兵与禁止制造军火；其实仍不过是表面上的文章，根本办法仍在于人类的本身。要知科学与宗教是根本绝对相反的两件东西。科学崇尚的是物质，宗教注重的是情感。科学愈昌明，宗教愈没落，物质愈发达，情感愈衰颓，人类与人类一天天隔膜起来，而互相残杀。根本是人类制造了机器，而自己反而成了机器的奴隶，受了机器的指挥，不惜仇视同类。我们提倡美育，便是使人类能在音乐、雕刻、图画、文学里又找见他们遗失了的情感。我们每每在听了一支歌，看了一张画、一件雕刻，或是读了一首诗、一篇文章以后，常会有一种说不出的感觉；四周的空气会变得更温柔，眼前的对象会变得更甜蜜，似乎觉到自身在这个世界上有一种伟大的使命。这种使命不仅仅是使人人要有饭吃，有衣裳穿，有房子住，他同时还要使人人能在保持生存以外，还能去享受人生。知道了享受人生的乐趣，同时更知道了人生的可爱，人与人的感情便不期然而然地更加浓厚起来。那么，虽然不能说战争可以完全消灭，至少可以毁除不少起衅的秧苗了。

1930 年

中国之书画

中国美术，以书画为主要品，而两者又互有密切之关系。其故有四：

（一）起源同一

书始于指事、象形之文，犹之画也。今之行、楷，虽形式已多改变，而溯源尚易。

（二）工具共通

书画皆用毛笔；画之设色，虽非书所有，而水墨画则又与书近。甚而装裱之法，如手卷、立轴、横幅等，亦无区别。

（三）平行演进

自汉以后，书画进化之程度，大略相等；其间著名作家，相承不绝，有系统可寻。其他建筑、雕塑及美术工艺品，则偶有一时勃兴，而俄焉衰歇；或偶有一二人特别擅长，而久无继起者。

（四）互相影响

自宋以后，除画院供奉品外，无不以题识为画面之一种要素。最近除仇英一家外，善画者无不善书。其他布置习惯，如扇面上两叶上之半书半画，厅堂上之中悬画轴、旁设对联，皆呈互相辉映之观。若铜器上、瓷器上之饰文，亦常并列书画。其互相关系之密切，可以见矣。

今欲述中国书画进化之大概，可别为三个时期。秦以前（西元前二〇五年前）为古代，为萌芽时期；自汉至唐末（西元前二〇四年至西元九〇七年）为中古，为成熟时期；自五代至清末（西元九〇八年至一九一一年）为近世，为特别发展时期。今按此三时期分别叙述，而殿以民国元年以来现代之状况焉。

第一章　古代——书画萌芽时期

中国古书所记，伏羲氏始作八卦，造书契。其后有距今四六二八年前（西元前二六九八年）即位之黄帝，命其臣仓颉作书，史皇作图。神话而已，无以证其信否。又言帝舜（西元前二二五六年即位）："观古人之象，日月星辰山龙华虫作会；宗彝藻火粉米黼黻絺绣，以五采彰施于五色，作服。"《尚书》)（华虫，雉也。会，同绘。宗彝，虎蜼也。蜼为猿类。黼，作斧形，黻作"亞"《春秋左氏传》宣公三年）是舜时已知用五采绘绣，且以天象、动物、植物及用品为图案，而夏初且能图像怪物；然是否信史，尚属疑问。

北京地质调查所曾在河南、奉天、甘肃等处发现新石器时代及初铜器时代之彩色陶器，大抵在西元前三千年与二千年之间，其陶器或红地黑纹，或灰地红纹，或淡红地加深红彩色，为当时已知利用彩色之证。（见《古生物志》丁种第一号，河南石器时代之着色陶器）其出自河南遗墟者，仅示几何花纹，如直线、曲线、弧形，8 形、螺线及带纹等；出自甘肃者，更具有各种动物图形，如马形、鸟形等，且有作人形及车形者。奉天秦王寨发现之陶器，多作波纹及波浪围绕纹者，有时双弧花纹，以背相向，或交相切成 × 之形。双卧弓形，凸侧向上，中连一长隙地，仿佛作棕叶形，此为一种进化之植物花纹。因知此时期中对于色彩之配布，几何形、动植物、人体之描写，已发其端，而尚无文字。

在殷代（西元前一七六五至前一一二二），常以天干十字为人名。自来得古铜器者，辄以文字简单而有父己、祖辛等人名为殷器。最近又于河南安阳县殷之故都，得龟甲兽骨之刻有卜词者，其人名既相类似，而文字体格亦颇同符，其刀法之匀称，行列之整齐，足以推知文字之应用，远在殷以前矣。民国十七年十月，中央研究院历史语言所考古组李济君等亲往殷墟，以科学的方法试行发掘，所得甲骨，较购诸土人者为可信，足以证知殷人所刻文字之真相。而同时得有殷人陶器，于绳纹、弦纹、三角纹、斜方纹、云雷纹以外，兼有兽耳、兽头之饰。又得石刻人体之半，所遗留者，自腰至胫，并其握腿部之双手。虽当时人之图画尚未发见，而其对于线条之布置与动物人体之观察，亦可推见端倪也。《尚书》序称高宗（西元前一三二四年即位）梦得说，使百工营求诸野；皇甫谧谓使百工写其形象。果如所解，则当时已有画像之法矣。

至于周（西元前一一二至前二四九），则金器之出土者较多；其花纹以云雷与兽头为多，植物甚少，人体殆不可见。直至秦季，图画之迹，尚未为吾人所目睹。史籍所载，画斧于扆，画虎于门，及其他日月为常，交龙为旂，熊虎为旗，鸟隼为旟，龟蛇为旐之类，以天象及动物为象征。《考工记》为周季人所著，称画绘之事杂五色，东方谓之青，南方谓之赤，西方谓之白，北方谓之黑，天谓之玄，地谓之黄，青与白相次也，赤与黑相次也，玄与黄相次也。青与赤谓之文，赤与白谓之章，白与赤谓之黼，黑与青谓之黻。是当时对于各色配合之法，已甚注意。《考工记》又称绘画之事，后素功，则当时先布众色，而后以白彩分布其间，是一种勾勒法。又《家语》称孔子观乎明堂，睹四门墉，有尧舜之容，桀纣之像，而各有善恶之状，兴废之诫焉。又有周公相成王，抱之负斧扆，南面以朝诸侯之图焉。如所言果信，则当时画家已有表现特色之能力。王逸作《楚辞章句》，谓楚有先王之庙及公卿祠堂，图天地山川神灵琦玮僪佹及古贤圣怪物行事，是武梁石室等图画，在周代已肇其端矣。又《史记》称：秦每破诸侯，写放其宫室，作之咸阳北阪上，是宫室界画，当时已有能手。《说苑》称，齐王起九重台，召敬君图之，敬君久不得归，思其妻，乃画妻对之。是写像画亦已流行矣。

《韩非子》称：客有为周君画筴者，三年而成，君观之，与髹筴者同状。周君大怒。画筴者曰：“筑十版之墙，凿八尺之牖，而以日出时，架之其上而观。”周君为之，望见其状，画成龙蛇禽兽车马，万物之状备具。此殆如欧洲之油画，非在相当之距离，值适宜之光线，未易睹其优点者，足以见当时人对于绘画之鉴赏力也。《庄子》称：“宋元君将画图，众史皆至，受揖而立；舐笔和墨，在外者半。有一史后至者，儃儃不趋，受揖不立，因之舍。公使人视之，则解衣般礴臝；君曰，‘可矣，是真画者也。’”所谓众史皆至，颇近宋、明画院之体制。其以解衣般礴之史为真画者，殆如近代国内之尊写意而薄工笔，欧洲之尚表现派而绌古典派矣。《吕氏春秋》以画者之仪发而易貌，为等于射者之仪毫而失墙，明画者当有扼要之识力，《韩非子》称画之最难者为犬、马而易者为鬼魅，可以见当日偏重写实之趋向，均理论之重要者也。

钟鼎款识，均用刀勒，其体与甲骨文字相等。其时又有竹书漆字，郑玄、卢植等均称为科斗文。王隐曰："太康元年，汲郡民盗发魏安厘王冢，得竹书漆字科斗之文。科斗文者，周时古文也。其字头粗尾细，似科斗之虫，故俗名之焉。"周宣王时（西元前八二七至前七八二），太史籀著大篆十五篇，与古文或异。如囷之作𪔂，员之作鼎，祷斋祟之作𡧖𡨄𡧪，堵城埠之作𨐈𨑊𨐏，大抵视古文为繁缛，殆基于文字上求美观之意识。今北平所保存之石鼓文，相传为此时所勒，字体茂密，诚与金器款识不同。及秦代，李斯又齐同各国文字，定为小篆。今所传琅琊、泰山等刻石，体皆圆长；而秦权铭文则变为方扁，但均与石鼓文不同。时又有程邈作隶书，为晋以后行楷书所自出，而蒙恬始以兔毫为笔，供以后二千年间书画之利用而推广，其功亦不可忘焉。

第二章　中世——书画成熟时期

自汉初至唐末，凡千一百十二年（西元前二〇六年至西元九〇六年），在此一时期中，各体书画，均有著名之作品；内容之复杂，形式之变化，几已应有尽有。收藏鉴赏，代有其人，理论渐出专著。书画二者，既被确定为美术品，而且被认为有同等之价值者，故谓之成熟时期。

（甲）画之演进

人物画，前时期已有之，而此时期中至为发展。有画古人者，如汉武帝使黄门画者画周公助成王之图赐霍光；献帝时所建之成都学周公礼殿，画三皇五帝三代之君臣及孔子七十二弟子于壁间；杨修之严君平卖卜图；唐阎立德之右军点翰图等是也。有画同时人者，如汉宣帝画功臣之像于麒麟阁，并题其氏名官爵，唐阎立德画秦府十八学士，凌烟阁二十四功臣，顾恺之图裴楷，颊上加三毫，观者觉神明殊胜。梁武帝以诸王在外，思之，遣张僧繇乘传写貌，对之如面，是也。有画外人者，如汉成帝画匈奴休屠王后之像于宫壁，唐阎立德作王会图及职贡图，画异方人物诡怪之质；其弟立本奉诏画外国图，张萱之日本女骑图，周昉之天竺女人图等皆是；而唐之胡瓖、胡虔，以图画番族擅长，在宣和画谱中，瓖所作番族画六十有六，虔所作四十有四也。

人物画中之特别者为鬼神。前时期中《楚辞·天问》之壁画，已启其端；至汉代鲁灵光殿之壁画，与之类似。其他若武帝甘泉宫之天地、太乙诸鬼神，武荣祠所刻海神、雷公、北斗星君、啖人鬼，皆本于古代神话者也。明帝时，佛教输入，命画工图佛，置清凉台及显节陵上，是为佛像传布之始。三国时，吴人曹不兴以善画人物名，见天竺僧康僧会所携西国佛画像，乃范写之，盛传天下。其弟子卫勃作七佛图，于是有佛画名家矣。晋代顾恺之在瓦官寺画维摩诘一躯，观者所施，得百万钱。南北朝，佛教盛行，北方有多数石窟之造像，而南方则有多数寺院之壁画；其时以画佛著名者甚多，在南以张僧繇为最，在北以杨乞德、曹仲达为最。张僧繇尝遍画凹凸花于一乘寺，其花乃天竺遗法，朱及青绿所成，远望眼晕，如凹凸，就视即平，世咸异之，乃名凹凸寺云。北魏时，道士寇谦之等，效佛徒所为，设为图像，于是道教画与佛画并行；唐以李氏托始于老子，道教流行，图像更盛；但佛像与道教像往往并出一手，如唐阎立本既有维摩、孔雀明王、观音感应等佛像，而又有三清、元始、太上西升经等道教像；吴道玄既有阿弥陀佛、三方如来等像及佛会图，而又有木纹天尊、太阳帝君等像及列圣朝元图，是也。唐之中宗，禁画道相于佛寺，则知前此本有道、释混合之习惯，而至此始划分之。

故事画、人物画本多涉故事，而此时期故事画之较为复杂者，辄与文艺相关。相传汉刘褒画云汉图，人见之觉热；又画北风图，人见之觉凉；云汉、北风，皆《诗经》篇名。其后如卫协之毛诗北风图，毛诗黍离图；戴逵之渔父图、十九首诗图，皆其例也。而流传至今者，惟有顾恺之之女史箴图卷，自《宣和画谱》以至《石渠宝笈》等书，均载及之；清乾隆时，尚存于北京内府御书房中，经义和团之变，流入英国，现存伦敦博物馆中。

人物画中之士女，在此时期，亦渐演为专精之一种。汉蔡邕之小列女图、王廙之列女传仁智图、陈公恩之列女传仁智图、列女传贞节图，已开其端，尚以《列女传》为凭借。顾恺之之三天女美人图，孙尚之之美人诗意图，已专画美人。至唐而有张萱、周昉，始以士女名家。

动物、植物之描画，已起于前时期。在此时期中，亦渐有确定之范围。汉之武荣祠，有虎、马、鱼、鸟及蓂荚等图，镜背有勒蜂、蝶、鹊、鸽与蒲桃者。又史称汉文帝在未央宫承明殿画屈轶草。及晋而有顾恺之之凫雁水洋图，顾景秀之蝉雀图，史道硕之八骏图等。及唐而始有曹霸、韩幹等以画马名，戴嵩以画牛名，韦偃、刁光胤以戏猫图名，边鸾、周滉以花鸟名。

宫室之画，前期所有。汉以后，如史道硕之金谷园图，梁元帝之游春苑图，亦其一类。至隋而始有展子虔、董伯仁、郑法士等，以台阁擅长。

画之中有为此时期所创造而发展甚速者，山水画是也。载籍所传，戴逵之吴中溪山邑居图，顾恺之之雪霁望五老峰图，殆为山水画中之最古者。其后宗炳作山水序，梁元帝作山水松石格，足见山水画流行之广。至唐而有三大家：（1）吴道玄，行笔纵放，如风雨骤至，雷电交作，一变前人陆展等细巧之习。（2）李思训，画着色山水，笔势遒劲，金碧辉映，时人谓之大李将军；其子昭道，变父之势，妙又过之，称小李将军，是为北宗。（3）王维，善泼墨山水，山谷郁盘，云水飞动，意生尘外，怪生笔端。始用渲淡，一变拘研之法，是谓南宗。山水画发展之远大，于此可见。

此千余年间，画之种类渐增，分工渐密，人物画之蕃变，已造极点。山水画亦已为后人开无数法门矣。

（乙）书之演进

书之进化，与画稍有不同。随时代之需要而促多数善书者之注意，汉代流传最多者，为篆、隶、分三体。自晋以后，竞为楷法，以行、草辅之。其他各体，偶有参用而已。

汉人近承周、秦，用篆尚多；在钟鼎上有类似秦刻石文者，如孝成、上林诸鼎是；有类似秦权文者，如汾阴、好畤诸鼎是；有体近扁僇者，如绥和鼎铭等是；有偏于方折者，如陶陵鼎铭是。其在瓦当文，往往体兼圆方；惟转婴柞舍，六畜蕃息等文，则偏于方折。其在印章，则匀齐圆润，不涉支蔓。其在泉币及镜背，则类似秦权，间参隶势。其在石刻，则尚存二十余种，其中以三公山之苍古，少室神道阙与开母庙石阙铭之茂密，为最有价值焉。三国，有吴碑二，苏建所书之封禅国山碑，以雅健称；皇象所书之天发神谶碑以奇伟称焉。自晋初以至隋末，凡三百五十三年，以能篆著称者，不过二十六人；唐代二百八十八年，能篆者八十一人。唐代时期较短，而能篆者几三倍于前时期，殆有篆学中兴之象。但前时期之二十六人中，有著《汉书》之班固与著《后汉书》之范晔，以草书著名之卫瓘，著《玉篇》之顾野王，撰集古今文字之江式，均非专以一技名者。而妇女中，亦有庾亮妻荀夫人，以兼善正行篆隶，于韦续《九品书人论》中，占上之下云。唐代八十一人中，有以楷书著名之欧阳询，著《书断》之张怀瓘；且有功业彪炳之李德裕，篆题阎立本之太宗步辇图，可称两美。其最以书法自负者为李阳冰，以直接秦刻石自任，所谓"斯翁之后，直至小生"者也。所书有谦卦爻辞、三坟碑、滑台新驿记等。其在缙云者，有孔子庙记、城隍神记及般若台铭三碑，篆文最细瘦。欧阳修（《集古录》）谓："世言此三石皆活，岁久渐生，刻处几合，故细尔。然时有数字笔画伟劲者，乃真迹也。"赵明诚（《金石录》）则谓："此数碑皆阳冰在肃宗朝所书，是时年尚少，故字画差疏瘦；至大历以后诸碑，皆英年所篆，笔法愈淳劲，理应如此也。"又有大历二年及三年瞿令问所书之元结峿台、浯溪、唐庼三铭，垂画甚长，亦仿秦篆者。其后有李灵省，为欧阳氏所注意，谓："唐世篆法，自李阳冰以后，寂然未有显于当世而能自成名家者，灵省所书阳公碣，笔画甚可嘉。"盖灵省曾为阳公旧隐碣篆额也。

八分书为汉人刻意求工之体（分与隶之别，异说至多；今从包世臣说，以笔近篆而体近真者为隶，笔势左右分布相背者为八分）。最工于此者为蔡邕，其最大之作品，为熹平四年之石经，即《后汉书》列传所谓："邕自书册于碑，使工镌刻，立于太学门外者也。"然传称邕与堂谿典、杨赐、马日䃅、张驯、韩说、单飏等正定六经文字；而石经残本，于《公羊传》后有赵陚、刘宏、张文、苏陵、傅桢等题名；《论语》后有左立、孙表等题名；故洪适（《隶释》）谓："今所存诸经，字体各不同……窃意其间必有同时挥毫者。"其他若华山、鲁峻、夏承、谯敏等碑，有疑出邕手者，皆未可信。其他师宜官、梁鹄（或云孔羡碑为鹄书，然未确）、邯郸淳及蜀诸葛亮等，虽以善八分著，而作品亦未能确指。现在所见八分书各碑，除武班碑为纪伯元书、卫方碑为朱登书、樊敏碑为刘懆书外，虽均未能确定为何人所书，而每一种均各有独到之点，非工书者不能为。康有为谓："骏爽则有景君、封龙山、冯绲；疏宕则有西狄颂、孔庙、张寿；高浑则有杨孟文、杨著、夏承；丰茂则有东海庙、孔谦校官；华艳则有尹宙、樊敏、范式；虚和则有乙瑛、史晨；凝整则有衡方、白石神君、张迁；秀韵则有曹全、元孙；以今所见真书之妙，诸家皆有之。"非溢美之言也。

自晋至隋，以善八分称者不过十人；而善草书之索靖，善隶行草书之王羲之，皆与焉。有陈畅曾书晋宫观城门，刘瓌之题太极殿牓。有唐一代，工八分者，百五十余人，而苦吟之贾岛，善哭之唐衢，作《法书要录》及《历代名画记》之张彦远皆与焉。欧阳修谓："唐世分隶名家者，四人而已，韩择木、蔡有邻、李潮及史惟则也。"杜甫所作李潮八分小篆歌，有云："尚书韩择木，骑曹蔡有邻，开元以来数八分，潮也奄有二子成三人。"史惟则外，又有史怀则，亦善八分，疑为昆弟。又有韩秀弼、韩秀石、韩秀荣三人，亦同时以八分书碑，疑亦昆弟也。李邕以真行著，而分书亦称道逸；《旧唐书》称："邕所撰碑碣之文，必请张廷珪以八分书之。"廷珪分书之精，于此可见矣。

隶为秦、汉间胥吏应用之书体，不常用以刻石；汉石刻中，如永光三处阁道、开通褒斜道、裴岑纪功碑等，皆仅见之作也。其后稍稍参用八分书之波磔，则演为魏、晋以后之隶书，即后世所称为楷书，或真书，或正书者。自晋以后，公私文书，科举考试，经籍印行，无不用此体者，等于秦以前之篆矣。而美术性质之隶书，则托始于魏、晋之钟、王。

魏公卿将军上尊号奏及受禅表两石刻，相传为钟繇所书，然未能证实也。相传繇之墨迹，有贺捷、力命、荐季直诸表，及宣示帖等。其子会及其外孙荀勖，均能传其笔法。及晋王导，携其宣示帖渡江，导从子羲之，先学于卫夫人铄，嗣后参酌钟繇及李斯、曹喜、蔡邕、梁鹄、张昶之法，自成一家。所写黄庭经、乐毅论、东方朔画赞、孝女曹娥碑等，被推为"古今之冠"。羲之子献之。"幼学父书，次习于张芝，后改变制度，别创其法，率尔师心，冥合天矩。"（别传）所书有洛神赋、保母李意如圹志等。嗣后言隶书者，恒言师钟、王；或曰师王祖钟；或曰出于大王（羲之），或曰师资小王；或曰书宗二王。虽繇同时之卫觊，二王同时之羊欣等，均未能与之抗衡也。晋代以隶书名者百十余人，其为受钟、王之影响无疑。嗣是而宋二十六人，齐二十三人，梁三十二人，陈十六人。中如陶宏景者，以所书瘗鹤铭，为后代所宗仰；然张怀瓘（《书断》）谓：宏景书师钟、王，采其气骨，时称与萧子云、阮研等，各得右军一体。又萧子云自云：善效钟之常、王逸少，而微变字体。可以见当时评书之标准，不离钟、王矣。

其在北朝，称善隶书者，魏三十余人，北齐二十人，周八人。魏初重崔、卢之书。崔氏以书名者，为宏及其子悦、简；卢氏则有伯源。宏祖悦与伯源六世祖谌，以博艺齐名，谌法钟繇，悦法卫瓘。谌传子偃，偃传子邈；悦传子潜，潜传子宏，世不替业。（见《北史·崔浩传》）是知魏代书家以钟、卫之派为多。周之王褒，萧子云之内侄也，子云特善草隶，褒少去来其家，遂相模范，名亚子云。赵文深，少学楷隶，年十一，献书于魏帝，推有僮王之则。是北方书家，亦钟、王流派也。

但北魏、北齐诸石刻中，有专用方笔一派，以龙门造像为最著，显与宋帖中所摹魏、晋人书不同，因而阮元有南帖北碑之说，谓南派有婉丽高浑之笔，寡雄奇方朴之遗。康有为则谓北碑中若郑文公之神韵，灵庙碑阴、晖福寺之高简，石门铭之疏逸、刁遵、高湛、法生、刘懿、敬显儁、龙藏寺之虚和婉丽，何尝与南碑有异？南碑中如始兴王之戈戟森然，出锋布势，何尝与张猛龙、杨大眼笔法有异？用以反对阮氏南、北之派，碑、帖之界。然康氏所举，不过偶有例外，就大体说，阮说是也。《礼记·乡饮酒义》谓："天地严凝之气，始于西南，而盛于西北，此天地之尊严气也，此天地之义气也。天地温厚之气，始于东北，而盛于东南，此天地之感德气也，此天地之仁气也。"曾国藩尝引以说文学中阳刚之美与阴柔之美之不同，书法中温厚与严凝之别，亦犹是耳。南人文弱，偏于温厚；北方质实，偏于严凝。胡适

《白话文学史》特揭斛律金敕勒歌之雄强，谓与南朝不同，亦足为旁证也。

隋祚颇短，而称善书者亦二十余人。其中如丁道护者，蔡襄称其兼后魏遗法，且谓："隋、唐之间，善书者众，皆出一法，而道护所得为多。"又窦众谓："赵文深师右军，赵文逸效大令；当平凉之后，王褒入国，举朝贵胄，皆师于褒，唯此二人独负二王之法，临二王之迹。"足见南北两派互竞之状态。然统一之初，渐趋协调，势所必至。康有为谓"隋碑内承周齐峻整之绪，外收梁陈绵丽之风，简要清通，汇成一局。龙藏碑统合分隶，并吊比干文，郑文公、敬使君、刘懿、李仲璇诸派，荟萃为一，安静浑穆，骨鲠不减曲江而风度端凝，此六朝集成之碑也"，可以观其概矣。

唐代二百八十八年，以工隶书名者及七百余人，可谓盛矣。其间活用古法，自成一家者，虞世南、褚遂良等，继承南派之姿媚，而参以北派之遒劲；欧阳询、柳公权等，袭北派之险峻，而参以南派之动荡；徐浩之骨劲而气猛，李邕之放笔而丰体，颇拟融和南北，而各有所偏；其能集大成而由中道者，其颜真卿乎！朱长文（《墨池编》）云："观中兴颂则闳伟发扬，状其功德之盛；观家庙碑，则庄重笃实，见其承家之谨；观仙坛记则秀颖超举，象其志气之妙；观元次山铭，则淳涵深厚，见其业履之纯，点如坠石，画如夏云，钩如屈金，戈如发弩，纵横有象，低昂有态，自羲、献以来，未有如公者也。"诚确论也。

行书和隶书之小变，张怀瓘（《书断》）谓："桓、灵之时，刘德升以造行书擅名。"陆深（《书辑》）谓："德升小变行法，谓之行书。带真谓之真行，带草谓之草行。"卫恒（《书断·引》）

谓："胡昭与钟繇，并师于刘德升，俱善草行，而胡肥钟瘦。"羊欣（《能书人名》）谓："钟繇书有三体，三曰行押（谓行书），相关者也。"知行书实托始于行押，而独立成一体，则在魏、晋之间。

以善行书著名者，晋三十六人，宋、齐、梁、陈四朝三十七人，魏、北齐、周三朝十人，隋五人，而唐则百六十四人。晋人中，自以王羲之为巨擘，其最著之作品为兰亭序；而刘琨、谢安，皆其选也。陈之江总，周之庾信，亦以行书名。唐代，如欧阳询、褚遂良、柳公权等，善楷书者，无不兼善行书；而李白、杜甫、顾况、张籍、杜牧诸诗人之行书，亦为时人所宗尚云。

草书者，王愔（《文字志》）谓：汉元帝时，黄门令史游作急就章，解散隶书，粗书之。张怀瓘（《书断》）谓："存学之梗概，损隶之规矩，纵任奔逸，赴俗急就，因草创之义，谓之草书，后世谓之章草。"（《后汉书》）称："北海敬王睦善文书，及寝病，明帝使驿马，令作草书尺牍十首。"草书始于汉代无疑。

善草书者，汉及三国二十五人，晋七十四人，宋、齐、梁、陈四朝六十人，魏、北齐、周三朝二十六人，隋十九人，而唐则百二十七人。汉杜度为齐相，善章草，见称于章帝，上贵其迹，诏使草书上事。崔瑗师于杜度，点画之间，莫不调畅。张芝学崔、杜之法，因而变之，以成今草书之体势，韦仲将谓之草圣。晋卫瓘与索靖俱善草书，论者谓瓘得伯英（张芝）筋，靖得伯英肉。王羲之自谓比张芝草，犹当雁行。常以章草答庾亮。翼（亮弟）与书云："昔有伯英十纸，过江亡失，常叹妙迹永绝；忽见足下答家兄书，焕若神明，顿还旧观。"足见自汉迄晋，均以张芝为标准矣。

王献之幼学父书，次习于张。陆深（《书辑》）谓："羲、献之书，谓之今草。"张怀瓘（《书断》）谓："逸少与从弟洽变章草为今草，韵媚宛转，大行于世。"是知二王出而草书又革新。张融善草书，常自美其能；齐高帝曰："卿书殊有骨力，但恨无二王法。"答曰："非恨臣无二王法，亦恨二王无臣法。"足见当时二王法之盛行矣。羲之七世孙释智永草书入妙，临真草千文八百余本。

至于唐代，孙过庭草书宪章二王，工于用笔，作《书谱》。张旭自言见公主担夫争道，又闻鼓吹而得笔法意；观公孙舞剑器，得其神。杜甫《饮中八仙歌》云："张旭三杯草圣传，脱帽露顶主公前，挥毫落纸如云烟。"可以见其豪情矣。李笔（《国史补》）谓：张旭草书得笔法，后传崔邈、颜真卿。据《书史会要》《书苑菁华》等书，则张旭传邬彤，邬彤传怀素，而怀素自谓得草圣三昧焉。

经此时期，易籀篆之世界而为行楷之世界，分书草书，虽亦曾盛极一时，然自此以后，与籀篆同为偶然寄兴之作，不及行楷之普遍矣。

第三章　近世——书画特别发展时期

有唐一代书画之规模大备，后有作者，能不为前贤所掩，以逸品为多，故谓之特别发展焉。

五代十国，仅五十三年，而以画名者百五十人，以书名者百有八人。而其间尤著之画家，有梁之荆浩、关仝，南唐之徐熙，前蜀之李升，后蜀之黄筌等。书家有梁之杨凝式，南唐之徐锴、王文秉，吴越之忠懿王等。而南唐后主、前蜀之释贯休、吴越之武肃王，则并长书画云。

荆浩、关仝，皆山水画家。浩善为云中山顶，气局笔势，非常雄横。尝语人曰："吴道子画山水，有笔而无墨；项容有墨而无笔，吾当采二子之所长，成一家之体。"仝初师浩，中岁精进，间参王维笔法，喜作秋山、寒林、村居、野渡、幽人、逸士、渔市、山驿，笔愈简已气愈壮，景愈少而意愈长。

徐熙善花果，以落墨写其枝叶蕊萼，后略傅色，故超逸古雅。黄筌之花鸟画，先行勾勒，后填色彩，后世称为双钩法。徐体没背渍染，旨趣轻淡野逸；黄体勾勒填彩，旨趣浓艳富丽；以山水为例，徐体可谓南宗，黄体可谓北宗也。

杨凝式喜作字，尤工颠草，与颜真卿行书相上下。黄庭坚谓："余曩至洛阳，偏观僧壁间杨少师书，无一不造微入妙。"徐锴与其兄铉校订《说文解字》，故锴以善小篆名。王文秉篆书，笔甚精劲，远过徐锴。吴越忠懿王善草书，宋太宗称为"笔法入神品"焉。

南唐后主工书画，郭若虚（《图画见闻志》）谓："观所画林木飞鸟，远过常流，高出意外。"《宣和画谱》谓："画清爽不凡，别为一格。又能为墨竹，画风虎云龙图，有霸者之略。"陶谷（《清异录》）谓："后主善书，作颤笔，樛曲之状，遒劲如寒松霜竹，谓之金错刀。"后蜀释贯休，善画罗汉，貌多奇野，立意绝俗。又善书，工篆隶，并善草书，时人比诸怀素。吴越武肃王画墨竹，善草隶。

宋代三百十四年，以画名者九百八十六人，加以辽五人，金五十六人，为千有九十四人。以书名者九百有三人，加以辽十三人，金七十人，为九百八十六人。而画家之最著者，有李成、范中正、董源、巨然等；书家最著者，有蔡襄、黄庭坚及金之党怀英等。其兼善书画者，则有郭忠恕、文同、苏轼、米芾、米友仁父子、李公麟等。

李成工山水，初师关仝，卒自成家。刘道醇（《圣朝名画评》）谓："成之为画，精通造化，笔尽意在；扫千里于咫尺，写万趣于指下；峰峦重叠，间露祠墅，此为最佳。至于林木稠薄，泉流深浅，如就真景，思清格老，古无其人。"范中正性缓，时人目为范宽。居山林间，常危坐终日，纵目四顾，以求其趣；虽雪月之际，必徘徊凝览，以发思虑。学李成笔，虽得精妙，尚出其下；遂对景造意，不取繁饰，写山真骨，自为一家。董源善画山水，峰峦出没，云雾显晦，不装巧趣，皆得天真。岚色郁苍，枝干挺劲，咸有生意。溪桥渔浦，洲渚掩映，一月江南也。巨然山水，祖述董源，皆臻妙理，少年多作矾头，老年平淡趣高。论者谓前之荆、关，后之董、巨，辟六法之门庭，启后学之矇瞆，皆此四人也。

蔡襄真行草皆优入妙，少务刚劲，有气势；晚归于淳淡婉美。郑杓（《书法流传图》）谓："书学自汉蔡邕至唐崔纾，皆亲授受；惟襄毅然独起，可谓间世豪杰之士。"黄庭坚善草书，楷法亦自成一家。尝自评：元祐间书，笔意痴钝，用笔多不到；晚入峡，见长年荡桨，乃悟笔法。金党怀英工篆书，赵秉文（《滏水集》）谓："怀英篆籀入神，李阳冰之后，一人而已。"郭忠恕师事关仝，善图屋壁重复之状，颇极精妙。工篆籀，小楷八分亦精。李公麟博学精识，用意至到；凡目所睹，即领其要。始学顾、陆与僧繇、道元及前世名手佳本，乃集众善，以为己有，更自立意，专为一家。尤工人物，能分别状貌，使人望而知。初画鞍马，愈于韩幹；后一意于佛，尤以白描见长。书法亦极精，画之关纽，透入书中。于规矩中特飘逸，绰有晋人风度。文同善画竹，其笔法槎牙劲削，如作枯木怪石，特有一种风味。亦善山水。善篆隶行草飞白，自言学草书凡十年，终未得古人用笔相传之法，后因见道上斗蛇，遂得其妙。苏轼善画竹，尝在试院，兴到无墨，遂用朱笔写竹；后人竞效之，即有所谓朱竹者，与墨竹相辉映矣。又能作枯木、怪石、佛像，笔皆奇古。又善书，其子过曰：吾先君子岂以书自名哉？特以其至大至刚之气，发于胸中，而应之于手；故不见有刻画妖媚之态，而端乎章甫，若有不可犯之色。少年喜二王书，晚乃学颜平原，故时有二家风格。米芾画山水人物，自名一家。尝曰："伯时（李公麟）病右手后，余始作画；以李常师吴生，终不能去其气；余乃取顾高古，不使一笔入吴生。"又以山水，古今相师，少有出尘格；因信笔为之，多以烟云掩映树木，不取工细。其子友仁，天机超逸，不事绳墨。其所作山水，点滴烟云，草草而成，而不失天真。芾善书，行笔入能品，沈着痛快，如乘骏马，进退裕如，不须鞭勒，无不当人意。仁书虽不逮其父，然如王、谢家子弟，自有一种风格。

元代九十年，以画名者四百二十余人，以书名者四百八十五人，而最著名之画家，有高克恭、李衎、黄公望等，最著名之书家，有鲜于枢、袁桷、揭傒斯等；书画兼长，则有赵孟頫、管道升夫妇、钱选、柯九思、倪瓒、王蒙、吴镇等。

高克恭好作墨竹，尝自题云："子昂（赵孟頫）写竹，神而不似；仲宾（李衎）写竹，似而不神；其神而似者，吾之两此君也。"画山水，初用二米法，写林峦烟雨；晚更出入董北苑（董源），故为一代奇作。李衎善写竹，师文同；兼善画竹法，加青绿设色。后使交址，深入竹乡，于竹之形色情状，辨析精到；作画竹、墨竹两谱。黄公望山水，初师董源、巨然，晚年变其法，自成一家。居富春，领略江山钓台之概。性颇豪放，袖携纸笔，凡遇景物，辄即模记。后居常熟，探阅虞山朝暮之变幻，四时阴霁之气运，得于心而形于笔，故所画千丘万壑，愈出愈奇；重峦叠嶂，越深越妙。其设色，浅绛者为多，青绿水墨者少。山水画以王蒙、倪瓒、吴镇与公望为元季四大家，而公望为冠。

鲜于枢早岁学书，愧未能如古人；偶适野，见二人挽车行淖泥中，遂悟书法。多为草书，其书从真行来，故落笔不苟，而点画所至，皆有意态。陆深谓："书法敝于宋季，元兴，作者有功；而以赵吴兴（孟頫）、鲜于渔阳（枢）为巨擘；终元之世，出入此两家。"袁桷书从晋、唐中来，而自成一家。揭徯斯楷法精健简雅，行书尤工。国家典册及功臣家传赐碑，遇其当笔，往往传诵于人。四方释老氏碑版购其文若字，衺及殊域。

赵孟頫画法，有唐人之致，去其纤；有宋人之雄，去具犷。他人画山水竹石人马花鸟，优于此或劣于彼，孟頫悉造其微，穷其天趣。善书，篆籀分隶真行草，无不冠绝古今。鲜于枢谓：子昂篆隶正行颠草为天下第一，小楷又为子昂诸书第一。其夫人管道升善画墨竹梅兰，晴竹新篁，是其始创。亦工山水佛像。善书，手书金刚经至数十卷，以施名山名僧。倪瓒山水，初以董源为师，晚一变古法，以天真幽淡为宗。不着人物，着色者甚少，间作一二绘染，深得古法。翰札奕奕有晋宋人风气。王蒙为孟頫外孙，素好画，得外氏法；又泛滥唐宋名家，而以董源、王维为宗，故纵逸多姿。常用数家皴法，山水多至数十重，树木不下数十种，径路迂回，烟霭微茫，曲尽山林幽致。书亦有家法。吴镇山水师巨然，墨竹效文同，俱臻妙品。书古雅有余。

明代二百七十六年，善画者一千三百二十二人，善书者一千五百七十一人；而其中最著之画家，有戴进、周臣、唐寅、沈周、仇英、崔子忠、陈洪绶、边文进、吕纪、林良、周之冕、宋克、王冕等。最著之书家，有宋濂、宋璲父子，高启、解缙、陈献章、王守仁、祝允明、陆深、黄道周等。书画兼长者，有文徵明，徐渭、董其昌、陈继儒等。

戴进，钱唐人。嘉靖以前，山水画家有绍述马远、夏珪，略变其浑厚沈郁之趣而为劲拔者，是为浙派，以进为领袖。进画神像、人物、走兽、花果、翎毛，俱极精致。周臣、唐寅，均当时院派之有力者，院派用笔，较浙派为细巧缜密，且多有柔淡雅秀，近于当时所谓吴派者。臣所作山水人物，峡深岚厚，古面奇妆，有苍苍之色。寅画法沈郁，风骨奇峭，刊落庸琐，务求浓厚；连江叠巘，洒洒不穷。名成而闲居，作美人图，好事者多传之。仇英，师周臣，所画士女、鸟兽、台观、旗辇、军仗、城郭、桥梁之类，皆追摹古法，参用心裁，流丽巧整。沈周，长洲人，与文徵明、董其昌、陈继儒，为吴派山水四大家。所作，长林巨壑，小市寒墟，高明委曲，风趣洽然。其他人物、花卉、禽鱼，悉入神品。崔子忠，顺天人；陈洪绶，诸暨人；以人物齐名，时号南陈北崔。边文进，花鸟宗黄筌，而作妍丽工致之体。林良，创写意派，作水墨花卉、翎毛、树木，皆遒劲如草书。周之冕，创钩花点叶体，合前述两派而为之，写意花卉，最有神韵；设色者亦皆鲜雅，家畜、各种禽鸟，详其饮啄飞止之态，故动作俱有生意。宋克善写竹。王冕善写墨梅。

宋濂草书有龙盘凤舞之象，尤精细楷，一黍上能作字千余。子璲，精篆隶真草书。书法端劲温厚，秀拔雄逸，规矩二王，出入旭素。草书如王骥行中原，一日千里，超涧渡险，不动气力，虽若不可踪迹，而驰骋必合程矩。解缙小楷精绝，行草亦佳。陈献章书法，得之于心，随笔点画，自成一家。王守仁善行书，得右军骨，清劲绝伦。祝允明天资卓越，临池之工，指与心应，腕与笔应，其书如绵裹铁，如印印泥。陆深真草行书，如铁画银钩，遒劲有法，颉颃李邕，而伯仲赵孟頫，一代之名笔。黄道周，隶草自成一家。

文徵明画，远学郭熙，近学赵孟頫，而得意之笔，以工制胜。至其气韵神采，独步一时。少拙于书，刻意临字，亦规模宋、元；既悟笔意，遂悉弃去，专法晋、唐。其小楷虽自黄庭、乐毅中来，而温纯精绝。隶书法钟繇，独步一世。徐渭画花草竹石，皆超逸有致。喜作书，笔意奔放，苍劲中姿媚跃出。陈继儒山水，气韵空远，虽草草泼墨，亦苍老秀逸。书法苏轼。董其昌画，初学黄公望，后集宋、元诸家之长，作山水树石，烟云流润，神气充足，独步当时。书法，少时临摹真迹，至忘寝食；中年，悟入微际，遂自名家；行楷之妙，跨绝一代。自谓："余书与赵文敏（孟頫）较，各有短长；行间茂密，千字一同，吾不如赵。若临仿历代，赵得其十一，吾得其十七。又赵书因熟得俗态，吾书因生得秀色。吾书往往率意；当吾作意，赵书亦输一筹；第作意者少耳。"

清代二百六十七年，画家人数，据郑昶《中国画学全史》，当在四千三百人以上。书家则尚无统计。画家之最著者，有王时敏、王鉴、王原祁、王翚、恽寿平、吴历、陈洪绶、释道济、朱奔、焦秉贞、李鳝、华嵒、罗聘、余集、戴熙、任熊，任颐等。
书家之最著者，有姜宸英、刘墉、姚鼐、翁方纲、伊秉绶、杨沂
孙、邓琰、包世臣、何绍基、张裕钊、翁同龢、沈曾植、康有为
等。书画兼长者，有严绳孙、金农、郑燮、赵之谦、吴俊卿等。

王时敏为清初娄东派山水领袖，运腕虚灵，布墨神逸，髓意
点刷，丘壑浑成，晚年亦臻神化。王鉴作山水，沈雄古逸，皴染
兼长。工细之作，仍能纤不伤雅，绰有余妍；虽青绿重色，而一
种书卷之气，盎然纸墨间。原祁为时敏之孙，所作气味深淳，中
年秀润，晚年苍浑。王翚为鉴弟子，而天资人功，俱臻绝顶，集
南北宗大成，为华亭派领袖。以上四人，为清初山水四大家，世
称四王。

恽寿平写生，斟酌古今，以徐熙、徐崇嗣为归，一洗时习，
为写生正派。间写山水，一丘一壑，超逸高妙，不染纤尘。吴历
得王时敏之传，刻意摹古，遂成大家，为虞山派；其出色之处，
能深得唐寅神髓，不袭其北宗面目。信奉天主教，尝游澳门，其
画亦往往带西洋色彩焉。陈洪绶儿时学画，便不规规形似。所画
人物，躯干伟岸，衣纹清圆而细劲，兼李公麟、赵孟頫之妙。释
道济山水自成一家，下笔古雅，设想超逸。竹石梅兰均极超妙。
朱奔画以简略胜，其精密者，尤妙绝。山水、花鸟、竹木，均生
动尽致。焦秉贞，工人物，其位置之法，自近而远，由大及小，
纯用西洋画法；尤为写真名家。李鳝为扬州八怪之一，以竹石花
卉，标新立异，机趣天然。华嵒写生，纵逸骀宕，粉碎虚空，种
种神趣，无不领取毫端，独开生面，足与恽寿平并驾，其影响于
清代中叶以后之花鸟画甚大。罗聘，作墨梅、兰竹、人物、佛
像，皆颇奇古渊雅，有鬼趣图传世。戴熙师法王翚，极有工力；

虽落笔稍板，而一种静雅之趣，即寓其间。任熊工画人物，衣褶如银钩铁画，直入陈洪绶之室，而独开生面。任颐花卉，喜示宋人双钩法；山水人物，无所不能，兼善白描传神。

姜宸英善行楷，梁同书推为清朝第一，谓："好在以自己性情，合古人神理，初视之，若不经意，而愈看愈不厌，亦其胸中书卷浸淫酝酿所致。"刘墉初师董其昌，继由苏轼以窥阁帖，晚乃归于北魏碑志。用墨特为丰肥，而意兴学识，超然尘外。姚鼐借经倪瓒，上窥晋、唐，力避当时最风行之赵、董一派柔润习气，姿媚之中，有坚苍骨气。翁方纲终身学欧、虞，致力甚深。伊秉绶各体书皆工，而尤长于八分，扫除当时板滞之习气，而别开清空高邈之境界。用颜真卿作真书法作八分，用汉人作八分法写颜体，为秉绶独得之秘。杨沂孙以轻描淡扫之笔势作篆，是其创格。邓琰作篆，宗二李，而纵横捭阖之妙，则得之史籀，稍参隶意。分书遒丽淳质，变化不可方物，结体严整，而浑融无迹。真书参篆分法，草书笔致蕴藉，无元季以来俗气。包世臣取法邓琰，用笔更方。何绍基师法颜真卿，而有一种翩翩欲仙之姿态，分书尤空灵洒脱。张裕钊书，高古浑穆，点画转折，皆绝痕迹，而得态逋峭特甚。翁同龢亦师法颜真卿，而参入北碑体势。沈曾植书，专用方笔，翻覆盘旋，奇趣横生。康有为书法，出自北碑，而笔参篆分，倜傥多姿。

严绳孙山水、人物、鸟兽、楼台、界画，罔不精妙。精书法，善八分。金农善写梅竹，画马，写佛像，布置花木，奇柯异叶，设色尤异。书法用笔方扁，特富逸气。郑燮善写兰竹，随意挥洒，苍劲绝伦；行书，杂糅篆分，恢诡有致。赵之谦，画笔随意挥洒，古意盎然；书法出自北碑，而以宛转流丽之笔写之。吴俊卿喜摹石鼓文，作花卉竹石，雄健古厚，有金石气。行书亦参籀笔，古劲可喜。

民元以来，公私美术学校次第设立，均以欧洲画法为主体。工具既已不同，而方法从写实入手，以创作为归，与旧式之以模仿古人为惟一津梁者，亦异其趣。各校之兼设国画科者，亦颇注意于沟通中西之道，尚在试验时期也。普通学校及专门学校之学生，以兼习西文之故，常用铅笔、钢笔草写国文，则毛笔作书之机会，为之减少。中小学中，虽尚有书法课程，而为他课所夺，决不能如往日私塾之熟练矣。

就普通状况而言，将来善书、善画者之人数，必少于往日，盖无疑义。惟数千年演进之国粹，必有循性所近，而专致力于此者，以取多用宏之故，而特辟一种新境界，非无望也。

结　论

综三时期而观之，最初书、画同状，书之象形，犹实物画也；指事，犹图案画也。及其渐进，画以致饰之故，渐趋于复杂而分化；书以致用之故，渐趋于简略而一致。如古代惟有几何式图案，至汉代浮雕，已具人物、神怪、宫室、器物、鸟兽、草木之属；至晋以后，则每一种渐演为专长，而且产生最繁复之山水画，此画之日趋于复杂与分化也。书法，在甲骨文及钟鼎文上，象形文已多用简笔，渐与图画不同；由古文而小篆，由篆而分，由分而楷、行，省略更多，此趋于简略也。周季，各国文字异形，及秦，而有同书文字之制；六朝碑，别字最多，及唐，而有干禄字书、五经文字以整齐之，此渐趋于一致也。是为书、画分途之因。及其最进，则致饰与应用之书画，自成一类，而别有自由表现之体，于是书画又互相接近。例如汉以前，以人物画为主要，而且注重模范人物，含有教育之作用；六朝以后，偏重释、道，则显然为宗教之关系。唐以后，偏重山水及花鸟，更于写实以外，特创写意一派；于着色以外，特创水墨一派。于是极工致极称艳之图画，当然与书法相离益远，自显其独到之优点；而写意及水墨等派，则完全以作书者作画，亦即以作画者作书，而书画又特别接近矣。要之，中国书画，均以气韵为主，故虽不讳模仿，而天才优异者，自能表现个性，不为前人所掩。且苟非学问胸襟，超出凡近，而仅仅精于技术者，虽有佳作，在美术工艺上当认其价值，而在中国现代书画上，则不免以其气韵之不高而薄视之。此亦中国书画上共通性之一，而在近代始特别发展者也。

附志　此篇多取材于佩文斋《书画谱》、日本大村西屋氏《中国美术史》（陈彬龢译本）、郑昶《中国画学全史》、包世臣《艺舟双楫》、康有为《广艺舟双楫》、沙孟海《近三百年书家》等。因所引太多，且间有点窜，故篇中并不逐条注所自出，特志于此，以免掠美。又此篇以国文起草，英译出林语堂先生手，谨志感谢。

1931 年为太平洋国际学会第四次大会提交的论文

第三辑　教育漫谈

真善美

无论何人，总不能不有是非、善恶、美丑之批评，这因心理上有知、意、情三作用，以真善美为目的。三者之中，以善为主，真与美为辅，因而人是由意志成立的。

三者有不能分的时期。因善离了真，不免以恶为善；离了美，不免见善而不能行。例如行路，要达一目的地是善，然夜间不能不用灯，是真；行路易疲，不能不随口唱歌，或赏玩风景，是美。

但也有偏重的。科学家所发明，固然有利人的，然也有杀人的。美术家的唯美主义派，完全不顾善恶的关系。

科学家不必有道德，如培根。道德家或少知识，如徐偃王、宋襄公。文人无行。美术家或与神经病有关。

人类探求真善美的状态。经过三大时期，略如孔德所说：

（1）神学时期（神学与宗教）；

（2）玄学时期（悬想哲学）；

（3）科学时期（实证科学与哲学）。

（一）神话上

说自然现象，世界人类原始，是真的方面。说神的事，英雄的事（中国的禹，和美儿诗中的英雄），是善的方面。托诸文学是美的方面。

（二）宗教上

显出以善为目标的态度，而利用真美以助善。戒律，神之赏罚，是善的方面。以灾异为警告（洪水、大旱、异星等），以医术为媒介，以传授常识为职务（欧洲之教会，日本之僧寺），是真的方面。利用名山水、建筑、装饰、文学、音乐等引人入胜，是美的方面。

（三）哲学上

如中国以五行说明一切，印度以四行，希腊以四行或以一行。又如论理学、认识论等。且斐罗沙斐本是爱智的意义。可说是以真为主标。然而伦理学是哲学的一部。中国的哲学都以道德为归宿。直觉论与功利论的聚讼。美学也是哲学的一部。中国《乐记》《考工记》，诗话，文评，书画赏鉴。希腊哲学家的理论，美学。

（四）科学时代

自然科学，推到文化科学，即社会科学、语言、地理、社会、经济、法律、政治、历史、人种、民族，都用归纳法。犯罪学。

推到精神科学，心理、教育、美学、幽灵学（灵魂学）。

推到文学美术，左拉、印象派、立方派。

推到哲学，法国实证哲学、美国实用哲学。

但是，科学与哲学还是在互相补助时代。

科学偏用归纳法　哲学偏重演绎法 ⎤
科学偏重客观　哲学偏重主观 　　 ⎬ 然而彼此都不能偏废
科学偏重事实　哲学偏重理想 　　 ⎦

附说：

最后，关于大学区与大学院之组织法之意义。

区大学名称之标准。

附：同题异文

心理上有三方面，知、意、情，以真善美为目的。哲学家自叔本华以来，均认意志为人生本质，世界圣贤亦无不以止于至善为人类归宿，而知识之浅深与善之认识有关；感情之平激与善之实行有关。

心理上三方面之进化，略可分为三时期，孔德所谓神学时期、玄学时期、科学时期。

（一）神话

（1）世界之起原（知）。（2）人类之起原（知）。（3）人类文化（情、意）。（4）星（知）。（5）日月（知）。（6）冥界（情）。（7）盗火（知）。（8）英雄（情、意）。

（二）宗教

神之责罚。祖先。造物之功。祈祷与报酬。戒律。建筑、音乐、舞蹈、服装、法器、文字之利用。疗病（祭司、巫、僧道、教士）。灾异之警告。丧礼。祭礼。□言量。离经叛道，非圣无法。死后审判。末日审判。

（三）哲学

论理学（荀子正名，墨于经，识，名家，因明，亚里士多德之论理，认识论）。中国哲学以五行说明一切。印度哲学以四行、希腊哲学以一行说明一切，如水、火（具体的），变（抽象的）。又中、印、希均有以数说明一切者。心理学（性理，惟识，□□之轮回说）。

（四）伦理学

道家之自由。儒家之中庸。墨家之兼爱。法家之为公而舍私。Plato 之共和国。Aristotle 之中庸说。

（五）美术文学的理论

《乐记》。《考工记》。《论语》。说诗。《文心雕龙》。诗话。

（六）实验科学

物理学。化学。生理学。地质学。植物学。动物学。人类学。生物学。

有物理学的磁电之证明，而从前灾异之说可废。

有化学的原子、电子之推想，而五行生刻之说可废。

有生物进化论，而人类本位之说破。

不但物质方面都用科学方法，而文化方面，如社会、政治、法律、经济、宗教、历史、地理等，均用比较、统计等法作主干，就是可能的用归纳法，不专用演绎法。最明的，如龙伯罗梭之犯罪学，完全用生理来说明犯罪人的动机。遗传说与淑种学，完全从家谱上求出一族中善恶的分子。马克思的唯物史观。

最著的是精神方面，如心理学，完全用实验方法，因而教育学及美学都有实验的一派。又如最近流行之幽灵学，往往是科学家。

文学上的写实派，如左拉等，完全想应用科学。美术上的印象派、立方派等，亦以科学为根据。

似乎真善美各种问题，都可用科学来解决，而尚不能。所以现在是科学与哲学互相承认、互相补助的时代。

科学用归纳法，哲学用演绎法。科学上的新发明，不能不先有假定，科学的理论，不能不加以推想。不能全废演绎法。

科学尊客观，哲学尊主观。

科学尚专精，哲学尚综合。

1927 年

世界观与人生观

世界无涯涘也，而吾人乃于其中占有数尺之地位；世界无终始也，而吾人乃于其中占有数十年之寿命；世界之迁流，如是其繁变也，而吾人乃于其中占有少许之历史。以吾人之一生较之世界，其大小久暂之相去，既不可以数量计；而吾人一生，又决不能有几微遁出于世界以外。则吾人非先有一世界观，决无所容喙于人生观。

虽然，吾人既为世界之一分子，决不能超出世界以外，而考察一客观之世界，则所谓完全之世界观，何自而得之乎？曰：凡分子必具有全体之本性；而既为分子，则因其所值之时地而发生种种特性；排去各分子之特性，而得一通性，则即全体之本性矣。吾人为世界一分子，凡吾人意识所能接触者，无一非世界之分子。研究吾人之意识，而求其最后之原素，为物质及形式。物质及形式，犹相对待也。超物质形式之畛域而自在者，惟有意志。于是吾人得以意志为世界各分子之通性，而即以是为世界之本性。

本体世界之意志，无所谓鹄的也。何则？一有鹄的，则悬之有其所，达之有其时，而不得不循因果律以为达之之方法，是仍落于形式之中，含有各分子之特性，而不足以为本体。故说者以本体世界为黑暗之意志，或谓之盲瞽之意志，皆所以形容其异于现象世界各各之意志也。现象世界各各之意志，则以回向本体为最后之大鹄的。其间接以达于此大鹄的者，又有无量数之小鹄的。各以其间接于最后大鹄的之远近，为其大小之差。

最后之大鹄的何在？曰：合世界之各分子，息息相关，无复有彼此之差别，达于现象世界与本体世界相交之一点是也。自宗教家言之，吾人固未尝不可于一瞬间，超轶现象世界种种差别之关系，而完全成立为本体世界之大我。然吾人于此时期，既尚有语言文字之交通，则已受范于渐法之中，而不以顿法，于是不得不有所谓种种间接之作用，缀辑此等间接作用，使厘然有系统可寻者，进化史也。

统大地之进化史而观之，无机物之各质点，自自然引力外，殆无特别相互之关系。进而为有机之植物，则能以质点集合之机关，共同操作，以行其延年传种之作用。进而为动物，则又于同种类间为亲子朋友之关系，而其分职通功之例，视植物为繁。及进而为人类，则由家庭而宗族、而社会、而国家、而国际。其互相关系之形式，既日趋于博大，而成绩所留，随举一端，皆有自阂而通、自别而同之趋势。例如昔之工艺，自造之而自用之耳。今则一人之所享受，不知经若干人之手而后成。一人之所操作，不知供若干人之利用。昔之知识，取材于乡土志耳。今则自然界之记录，无远弗届。远之星体之运行，小之原子之变化，皆为科学所管领。由考古学、人类学之互证，而知开明人之祖先，与未开化人无异。由进化学之研究，而知人类之祖先与动物无异。是以语言、风俗、宗教、美术之属，无不合大地之人类以相比较。而动物心理、动物言语之属，亦渐为学者所注意。昔之同情，及最近者而止耳。是以同一人类，或状貌稍异，即痛痒不复相关，而甚至于相食。其次则死之，奴之。今则四海兄弟之观念，为人类所公认。而肉食之戒，虐待动物之禁，以渐流布。所谓仁民而爱物者，已成为常识焉。夫已往之世界，经其各分子之经营而进步者，其成绩固已如此。过此以往，不亦可比例而知之欤。

道家之言曰："知足不辱，知止不殆。"又曰，"小国寡民，使有什伯之器而不用，使民重死而不远徙。虽有舟舆，无所乘之。虽有甲兵，无所陈之。使民复结绳而用之。甘其食，美其服，安其居，乐其俗。邻国相望，鸡狗之声相闻，民至老死而不相往来。"此皆以目前之幸福言之也。自进化史考之，则人类精神之趋势，乃适与相反。人满之患，虽自昔借为口实，而自昔探险新地者，率生于好奇心，而非为饥寒所迫。南北极苦寒之所，未必于吾侪生活有直接利用之资料，而冒险探极者踵相接。由椎轮而大辂，由桴槎而方舟，足以济不通矣；乃必进而为汽车、汽船及自动车之属。近则飞艇、飞机，更为竞争之的。其构造之初，必有若干之试验者供其牺牲，而初不以及身之不及利用而生悔。文学家、美术家最高尚之著作，被崇拜者或在死后，而初不以及身之不得信用而辍业。用以知：为将来牺牲现在者，又人类之通性也。

人生之初，耕田而食，凿井而饮，谋生之事，至为繁重，无暇为高尚之思想。自机械发明，交通迅速，资生之具，日趋于便利。循是以往，必有菽粟如水火之一日，使人类不复为口腹所累，而得专致力于精神之修养。今虽尚非其时，而纯理之科学，高尚之美术，笃嗜者固已有甚于饥渴，是即他日普及之朕兆也。科学者，所以祛现象世界之障碍，而引致于光明。美术者，所以写本体世界之现象，而提醒其觉性。人类精神之趋向，既毗于是，则其所到达之点，盖可知矣。

然则进化史所以诏吾人者：人类之义务，为群伦不为小己，为将来不为现在，为精神之愉快而非为体魄之享受，固已彰明而较著矣。而世之误读进化史者，乃以人类之大鹄的，为不外乎其一身与种姓之生存，而遂以强者权利为无上之道德。夫使人类果以一身之生存为最大之鹄的，则将如神仙家所主张，而又何有于种姓？如曰人类固以绵延其种姓为最后之鹄的，则必以保持其单纯之种姓为第一义，而同姓相婚，其生不蕃。古今开明民族，往往有几许之混合者。是两者何足以为究竟之鹄的乎？孔子曰："生无所息。"庄子曰："造物劳我以生。"诸葛孔明曰："鞠躬尽瘁，死而后已。"是吾身之所以欲生存也。北山愚公之言曰："虽我之死，有子存焉。子又生孙，孙又生子，子又有子，子又有孙，子子孙孙，无穷匮也；而山不加增，何若而不平。"是种姓之所以欲生存也。人类以在此世界有当尽之义务，不得不生存其身体；又以此义务者非数十年之寿命所能竣，而不得不谋其种姓之生存；以图其身体若种姓之生存，而不能不有所资以营养，于是有吸收之权利。又或吾人所以尽义务之身体若种姓，及夫所资以生存之具，无端受外界之侵害，将坐是而失其所以尽义务之自由，于是有抵抗之权利。此正负两式之权利，皆由义务而演出者也。今曰：吾人无所谓义务，而权利则可以无限。是犹同舟共济，非合力不足以达彼岸，乃强有力者以进行为多事，而劫他人所持之棹楫以为己有，岂非颠倒之尤者乎。

昔之哲人，有见于大鹄的之所在，而于其他无量数之小鹄的，又准其距离于大鹄的之远近，以为大小之差。于其常也，大小鹄的并行而不悖。孔子曰："己欲立而立人，己欲达而达人。"

孟子曰："好乐，好色，好货，与人同之。"是其义也。于其变也，绌小以申大。尧知子丹朱之不肖，不足授天下。授舜则天下得其利而丹朱病，授丹朱则天下病而丹朱得其利。尧曰，终不以天下之病而利一人，而卒授舜以天下。禹治洪水，十年不窥其家。孔子曰："志士仁人，无求生以害仁，有杀身以成仁。"墨子摩顶放踵，利天下为之。孟子曰："生与义不可得兼，舍生而取义。"范文正曰："家哭，何如一路哭。"是其义也。循是以往，则所谓人生者，始合于世界进化之公例，而有真正之价值。否则庄生所谓天地之委形委蜕已耳，何足选也。

1912 年冬

孔子之精神生活

精神生活，是与物质生活对待的名词。孔子尚中庸，并没有绝对地排斥物质生活，如墨子以自苦为极，如佛教的一切惟心造；例如《论语》所记："失饪不食，不时不食"，"狐貉之厚以居"，谓"卫公子荆善居室"，"从大夫之后，不可以徒行"，对于衣食住行，大抵持一种素富贵行乎富贵、素贫贱行乎贫贱的态度。但使物质生活与精神生活在不可兼得的时候，孔子一定偏重精神方面。例如孔子说："饭疏食，饮水，曲肱而枕之，乐亦在其中矣；不义而富且贵，于我如浮云。"可见他的精神生活，是决不为物质生活所摇动的。今请把他的精神生活分三方面来观察。

第一，在智的方面。孔子是一个爱智的人，尝说："盖有不知而作之者，我无是也；多闻，择其善者而从之，多见而识之。"又说，"多闻阙疑"，"多见阙殆"，又说，"知之为知之，不知为不知，是知也"。可以见他的爱智，是毫不含糊，决非强不知为知的。他教子弟通礼、乐、射、御、书、数的六艺，又为分设德行、言语、政事、文学四科，彼劝人学诗，在心理上指出"兴""观""群""怨"，在伦理上指出"事父""事君"，在生物上指出"多识于鸟兽草木之名"。（他如《国语》说：孔子识肃慎氏之石砮，防风氏骨节，是考古学；《家语》说：孔子知萍实，知商羊，是生物学；但都不甚可信）可以见知力范围的广大。至于知力的最高点，是道，就是最后的目的，所以说："朝闻道，夕死可矣。"这是何等的高尚！

第二，在仁的方面。从亲爱起点，"泛爱众，而亲仁"，便是仁的出发点。他的进行的方法用恕字，消极的是"己所不欲，勿施于人"；积极的是"己欲立而立人，己欲达而达人"。他的普遍的要求，是"君子无终食之间违仁，造次必于是，颠沛必于是"。他的最高点，是"伯夷、叔齐，古之贤人也，求仁而得仁，又何怨"，"志士仁人，无求生以害仁，有杀身以成仁"。这是何等伟大！

第三，在勇的方面。消极的以见义不为为无勇；积极的以童汪踦能执干戈卫社稷可无殇。但孔子对于勇，却不同仁、智的无限推进，而时加以节制。例如说："小不忍则乱大谋"；"一朝之忿，忘其身以及其亲，非惑欤？""好勇不好学，其蔽也乱"；"君子有勇而无义为乱，小人有勇而无义为盗"；"暴虎凭河，死而无悔者，吾不与焉，必也临事而惧，好谋而成者也。"这又是何等的谨慎！

孔子的精神生活，除上列三方面观察外，尚有两特点：一是毫无宗教的迷信，二是利用美术的陶养。孔子也言天，也言命，照孟子的解释，莫之为而为是天，莫之致而至是命，等于数学上的未知数，毫无宗教的气味。凡宗教不是多神，便是一神；孔子不语神，敬鬼神而远之，说，"未能事人，焉能事鬼？"完全置鬼神于存而不论之列。凡宗教总有一种死后的世界；孔子说，"未知生，焉知死？""之死而致死之，不仁而不可为也；之死而致生之，不知而不可为也"，毫不能用天堂地狱等说来附会他。凡宗教总有一种祈祷的效验，孔子说，"丘之祷久矣"，"获罪于天，无所祷也"，毫不觉得祈祷的必要。所以孔子的精神上，毫无宗教的分子。

孔子的时代，建筑、雕刻、图画等美术，虽然有一点萌芽，还算是实用与装饰的工具，而不认为独立的美术；那时候认为纯粹美术的是音乐。孔子以乐为六艺之一，在齐闻韶，三月不知肉味。谓："韶尽美矣，又尽善也。"对于音乐的美感，是后人所不及的。

孔子所处的环境与二千年后的今日，很有差别；我们不能说孔子的语言到今日还是句句有价值，也不敢说孔子的行为到今日还是样样可以做模范。但是抽象地提出他精神生活的概略，以智、仁、勇为范围，无宗教的迷信而有音乐的陶养，这是完全可以为师法的。

1937 年《大众画报》

贫儿院与贫儿教育的关系

——在北京青年会演说词

贫儿院的历史同成效，刘景山先生已讲得很详细了。鄙人对于贫儿院，有一种特别感想，并且有一种特别希望。所以看得这一次的募捐，比较别种慈善事业尤为重要。请与诸位男女来宾讲讲。

贫儿是没有受家庭教育的机会，所以到院。这原是他们的不幸。但鄙人对于家庭教育很有点怀疑。第一层：教育是专门的事业，不是人人能担任的。譬如诸位有一块美玉，要琢成佩件，必要请教玉工。又如有几两黄金，要炼成首饰，必要请教金工。断不是人人自作的。现在要把自家子女造成适当的人物，敢道比琢玉炼金容易，人人可以自任的么？第二层：有子女的人，不是人人有实行教育的时间。男子呢，莫不有一定职业，就每日有一定做工的时间。做工完毕了，还有奔走公益的，应酬亲友的，随意消遣的。请问每日中有多少时间可以在家与他的子女相见？妇人呢，或是就职业，或是操家政，也有讲应酬好消遣的，请问每日中有多少时间可以专心对付她的子女？所以有钱的就把子女交给没有受过教育的仆婢，统统引诱坏了；没有钱的就听子女在家里胡闹，或在街上乱跑。父母闲暇了，高兴了，子女就有不好的事，也纵容他；忙不过来了，不高兴了，子女就有好的事，也瞎骂一阵，乱打几拳。这又是大多数父母的通病了。而且现在的家庭对于儿童可以算好的榜样么？正经的父母不知道儿童性情与成人大有不同，立了很严规矩，要儿童仿作，已经很不相宜了。还有大多数的父母夫妇的关系、兄弟妯娌的关系、姑嫂的关系、主仆的关系、亲戚邻居的关系，高兴了就开玩笑，讲别人的丑事；不高兴了，相骂相打。要是男子娶了妾，雇了许多男女仆，那就整日地演妒忌猜疑的事，甚且什么笑话都可以闹出来。这可以作儿童的榜样么？兼且成年的人爱看的书报与图画，爱听的笑话与鼓词，不免有不宜于儿童的，父母看了听了，可以不到儿童的耳目么？有许多儿童都是受了家庭不好的教育，进学校后很不容易改良。所以我对于家庭教育很有点怀疑。

我们古代的大教育家，要算是孔子、孟子。孔子有一个学生叫陈亢，疑孔子教训儿子总比教训学生有特别一点的。有一日问着孔子的儿子伯鱼。照伯鱼对答的：有一次遇见了他的父亲，问他学了诗没有。他说没有学。他的父亲就说了不学诗的短处。又有一次遇见了他的父亲，问他学了礼没有。他也说没有学。他的父亲就说了不学礼的短处。陈亢恍然大悟，知道君子是疏远他的儿子呢。孟子有一个学生，叫公孙丑，有一日问道："君子为什么不亲自教他的儿子？"孟子答道："办不到。教他必用正道。教了不听，必要怒。怒了便伤了父子的感情。万一儿子想着父亲教我的，他自己也还没有做到，这更是彼此互相责备，更坏了。所以古人用交换法把自己的儿子请别人教，反替别人教他的儿子呵。"照此看来，圣如孔子、贤如孟子，尚且不敢用家庭教育，何况平常人呢？

所以我的理想：一个地方必须于蒙养院与中小学校以外，有几个胎教院、几个乳儿院，都由专门的卫生家管理。胎教院的设备，如饮食、器具、花园、运动场、装饰的雕刻与图画、陈列的书报，都是有益于孕妇的身体与精神的。因为孕妇身体上受了损害，或精神上染了污浊，都要害及胎儿的。乳儿院的设备，必须于乳儿的母亲身体上、精神上都是有益的。要是母亲有了疾病，或发了邪淫、愤怒、悲愁的感情，都是害及乳儿的。有了这种设备，不论哪个人家，要是妇人有了孕，便是进胎教院；生了子女，便迁到乳儿院。一年以后，小儿断乳，就送到蒙养院受教育，不用他的母亲照管。他的母亲就可以回家，操她的家政，或营她的职业了。

现在还没有这种组织，运动别人，别人也不肯信。我想先从贫儿院下手。要是贫儿院试办这种事情很有成效，那就可以推广到不贫的儿童了。这是我的第一种希望。

美国大教育家杜威博士，不久要来中国。他创了一种很新的教育主义，是即工即学，是要学校生活与社会生活密接。曾在雪卡哥大学附设一个学校试验过，很有成效。我于民国元年在南京发表一篇《对于教育方针之意见》，曾于实利主义一节中介绍过。去年在天津青年会演讲《新教育与旧教育之歧点》，又介绍过一回。他的即工即学主义，是学生只须做工，一切学理就在做工的时候指点他，用不着什么教科书。我但用贫儿院已设的烹饪、裁缝、木器与地毯四项工作作个比例，就容易明白了。这四项的原料都是动植物，便可以讲生物学。这四项的工具都是矿物做成的，便可以讲矿物学、地质学。做这四项工作的时候，或用热度，或用手力，或用机械，或用电磁，就可以讲物理学。食物的调和，衣服的漂白与渲染，木器的油漆，都与化学有关，便可以讲化学。食物的分量，衣服的尺寸，木器各方面的比例，地毡与房屋的配合，各种原料与工具的购入，各种成绩品的出售，都要计算、记录，便可以讲数学与簿记法。指明原料出产的或成绩品出售的地方，比较各民族饮食、衣服、器具的异同，便可讲地理学与人类学。比较古今饮食、衣服、器具的异同，便可讲历史学。做工要勤，要谨慎，要有进步，要与同做的学生互相帮助。这四项工作以外，有休息，有共同的运动，又有洗濯食器与衣服、整理被褥、洒扫堂室、应对宾客等杂务，便可以讲卫生与修身。就食物的装置、衣服与器具的形式与色彩，可以讲美学与美术。就贫儿以往的苦痛，现在的安乐，将来的希望，也可以讲点哲学。把一切经过的情形，或教习的言语叫各人写出来，便可以练习国文或外国文。诸位看！照此办法还要用什么教科书么？还要聚了几十个学生在教室里面，各人对了一本书，听教习一句一句地呆讲么？但这种学校生活与社会生活密接的组织，不但我们中国人没有肯办的，就是办了，也怕没有人肯送他的子弟来。因为中国人现在还叫进学校作读书，要是到校以后，只有工作，没有读书，就一定不赞成了。现在贫儿院既有工作，何不把上午的读书省却，匀派在工作的时间，来试试杜威博士的新主义呢？要是试了有成效，就可以劝别的学校也来试试。这是我第二种的希望。

我国人不许男女间有朋友的关系，似乎承认"男女间只有恋爱的关系"，所以很严地防范他。既然有此承认，所以防范不到处，就容易闹笑话了。欧美人承认男女的交际，与单纯男子的或单纯女子的，完全一样。普通的交际与友谊的关系隔得颇远，友谊的关系与恋爱的关系，那就隔得更远了。他们男女间看了自己的人格同对方的人格，都非常尊重。而且为矫正从前轻视女子的恶习，交际上男子尤特别尊重女子，断不敢稍有轻率的举动。即如跳舞会是古代传下来的习惯，也是随时代进化，活泼中仍含着谨严的规则。不是为贫儿院筹款，曾在迎宾馆举行一次，诸君曾经参与的么？近来女权发展，又经了欧洲的大战争，从前男子的职业，一大半都靠女子来担任。此后男子间互助的关系，无论在何等方面，必与单纯男子方面或单纯女子方面一样。我们国里还能严守从前男女的界限，逆这世界大潮流么？但是改良男女的关系，必要有一个养成良习惯的地方，我以为最好是学校了。外国的小学与大学，没有不是男女同校的。美国的中学也是大多数男女同校。我们现在除国民小学外，还没有这种组织。若要试办，最好从贫儿院入手。院中男女生都有，但男生专做木工、毡工，女生专做烹饪、裁缝，划清界限，还不是男女同校的真精神。最好破除界限，不论何等工作，只要于生理上、心理上相宜的，都可以自由选择，都可以让他们共同操作。要是试验了成绩很好，那就可以推行到别的学校了。

还有一层，中国的戏剧不许男女合演，用男子来假装女子，这是最不自然的。所以扭扭捏捏，不但演剧时不合女子的态度，反把平日间本人的气概都改变了。我不喜观旧剧，对于学生演新剧亦不大欢迎，就是为此。但现在男女尚不能同校，若要合男女学生试演新剧，学生的父母不是要大不答应的么？我以为此事也可由贫儿院先来试办。先就译本的西剧中，选几种悲剧来试演，演得纯熟了，要是开筹款会就可以演给来宾看看，不专靠现在男生的唱歌、女生的跳舞了。要是有几个学生演得很好，就可以作为改良戏剧的起点，不是很有关系么？

　　以上三端，都想借贫儿院试试男女共同操作的习惯，是我第三种的希望。

　　我有上述的特别感想与这三种希望，所以看得贫儿院非常重要。尤希望男女来宾竭力替他筹款，不但帮他维持，还要帮他发展呵！

　　　　　　　　　　　　　　　　　　　　　　　1919 年

中学的教育

我在北京的时候，早知道贵校很有声名的。今天承贵校欢迎，得与诸君谈谈，很觉愉快。但是因为时间仓卒，没有预备，只好以短时间谈一谈中学的教育。

一般办中学的人，大都两种观念：第一是养成中坚人物；第二是预备将来升学。所谓养成中坚人物的，就是安排他们在中学毕业之后，马上就可以去到社会上做事。其实，中学所得的知识很浅，并不能够应用他去做特殊的事业，纵然可以做一点儿，也不过很平常、平常的，甚至变作一个中等游民，也不稀奇的。除了当当绅士之外，简直无所措手足。所以说，要养成中坚人物很难能的了。

德国的学制，文实分科。中古时代，文科注重拉丁、希腊文，以后科学渐渐发明，始趋重理、数各科，并且因为趋重活的文学的关系，所以把拉丁、希腊的死文学通通去掉了。实科注重理、数各科，但是后来也渐渐地趋重哲学、外国文……又有注重医学的。到了后来，还有些学校对文实两种双方并重的，简直可以说是文实科。照这样看起来，学文科的不能不兼重实科的科学；学实科的同时也不能不兼重文科的科学。这样分科的制度，都是想要达到上面所述的那两个目的。

日本的学制，是仿照德国的，并且把他越弄越笨了。他把中学的目的完全看作养成社会中坚人物，所以在中学的上面有高等学校，为入大学的预备学校。

中国的学制，又纯从日本抄袭出来的，大略与日本相仿佛。因为中学程度不能直接升入大学，所以大学设有预科。但是总计小学、中学的年限共有十一年了，加上大学预科二年，共有十三年，才能达到大学的本科，时间已觉得太长，现在还想在中学加增年限，那就更不经济了。所以有人主张文、实分科，但也未见得就是顶好的法子。譬如大学原来是采分科制的，然而现在也觉得不十分便当，想要把他变通，去掉分科制，何况中学呢。比方文科的哲学，离不掉生物学、物理学、化学学……因为不如是，那范围就未免太小。学理科的人，也不能不知道哲学；学天文学的人，更加不能不知道数学以及其他科学，况且我们应当具有宇宙观的。所以学实科的人，也要知道文科的科学。当然，学其他科的，除对于所专攻的科学以外，有关联的各科，也要达到普通的程度，不能单向一方进行，所以中学要想文、实分科，非常困难。但是，现在已经把国文改为白话，可以免掉专攻国文的功夫，同时可以省得多少时间。外国语一项，普通一般都教些文学书，我以为可以不必专读几本文学书，尽可读些科学读本，如游记……一方面可以学习外国语，他方面可以兼得科学上的知识，把这些所省的时间和精力，去普遍研究科学，年限和分科都不成什么顶难解决的问题了。

外国中学不专靠教科书，常常从书本以外，使学生有自己研究的余地，所以他读的是有用的，是活的科学，毕业以后，出来在社会上作事，很不费力。但是有一种通病，恐怕无论哪国都差不多，所有的教科书，每每不能学完，一方面固然是教员没有统计预算，但他方面还是为着学生没有自己研究的能力，没有自动的精神，所以弄得毕业之后，又不能进大学，简直没有一点事可以干，恰成一个游民。

日本中学是预备做中等社会的人，造成一般中坚分子，倘若自量他的能力不能够入大学毕业，就可不进中学，免得枉费光阴，他便一直入中等实业学校—甲种实业学校，毕业出来，可以独立谋生活，比较我们中国中学毕业生仅仅做一个游〈民〉那就好多了。所以我说中学的目的，只是惟一的预备升学。

但是进中学的时候，自己就要注重个人自修，预备将来可以升什么学校。中学生在修业时代，最紧要的科学有三种，分述如下。

（一）数学　因为我们无论将来是进哪一科，哲学或者是文学，通通离不掉数理的羁绊，至于讲到理、数各科，工、农、商科，更不消说了。

（二）外国语　因为中国科学不甚发达，大半都是萌芽时代，要学高深科学，非直接用原本不行，而且在中学时不注意外国语，以后更难了。

（三）国文　我们是中国人，对于本国文学，当然要具有普通的学识，但是不要学什么桐城派，四六文，……。只要对于日常用的具备和发表自己的思想毫无阻碍就够了。

以上这三种，对于升学很有关系，很须注意。但是都不纯粹靠教室内听听时候所能了事的，还是看各个人自修的功夫何如，所以我很希望诸君在课外还要特别留心才是。

我今天所讲的，不是专指贵校说的，是泛论中学的教育，供你们参考罢了。

1920 年

普通教育和职业教育

——在新加坡南洋华侨中学等校欢迎会的演说词

兄弟已经几次到过新加坡了，今天得有机会，和诸位共话一堂，实在荣幸得很！只是今天没有什么预备，所以不能有多少贡献，还望诸君原谅。

在座诸君，大半是学界中人，因此可知这里的学校多了。我今天就把普通教育和职业教育说一说。刚才从中学校来，知道中学内有商科一班，这却是职业教育的性质，不在普通小学校或中学校的普通教育范围以内。

普通教育和职业教育，显有分别：职业教育好像一所房屋，内分教室、寝室等，有各别的用处；普通教育则像一所房屋的地基，有了地基，便可把楼台亭阁等建筑起来。故职业教育所注重的，是专门的技能或知识，有时研究到极精微处，也许有和日常生活绝不相干的情形。例如研究卫生的，查考起微生虫来，分门别类，精益求精，有一切另外的事都完全不管的态度。这是从事专门学问的特异点。

可是我们要起盖房子时，必得先求地基坚实，若起初不留意，等到高屋将成，才发见地基不稳，才想设法补救，已经来不及了。我刚才讲过普通教育好像房屋的地基一样，所以教育者和被教育者，都要特别注意才是。现今欧美各大学中的课程，非常严重，对于各种基本的知识，差不多不很注意了。为什么呢？因为学生在中小学的时代，早已受了很重的训练，把高深学术的基础筑固了，入大学时自然不觉得困难。若在中小学内，并没有建筑好基础，等到自悟不够时，再要补习起来，那就很不容易了。

因此前年我国审查教育会，把普通教育的宗旨，定为：（一）养成健全的人格，（二）发展共和的精神。

所谓健全的人格，内分四育，即（一）体育，（二）智育，（三）德育，（四）美育。

这四育是一样重要，不可放松一项的。先讲体育，在西洋有一句成语，叫作健全的精神，宿于健全的身体。足见体育的不可轻忽。不过体育是要发达学生的身体，振作学生的精神，并不是只在赌赛跑跳或开运动会博得名誉体面上头，其所以要比赛或开运动会，只是要引起研究体育的兴味；因恐平时提不起锻炼身体的精神，故不妨常和人家较量较量。我们比不过人家时，便要在平常用功了。其实体育最要紧的，是合于生理。若只求个人的胜利，或一校的名誉，不管生理上有无危险，这不要说于身体上有妨害，且成一种机械的作用，便失却体育的价值了。而且只骛虚名，在心理上亦易受到恶影响。因为常常争赛的结果，可使学生的虚荣心旺盛起来；出去服务社会，一切举动，便也脱不了虚荣心的气味，这是贻害社会不浅的。不过开运动会和竞技等，在平时操练有些呆板乏味时，偶然举行一下，倒很可能调剂机械作用。因变化常态而添出兴趣，是很好的，只要在心理上使学生彻底明白体育的目的，是为锻炼自己的身体，不是在比赛争胜上，要使他们望正鹄作去。

次讲智育，案我们教书，并不是像注水入瓶一样，注满了就算完事。最要是引起学生读书的兴味。作教员的，不可一句一句、或一字一字的，都讲给学生听。最好使学生自己去研究，教员竟不讲也可以，等到学生实在不能用自己的力量了解功课时，才去帮助他。至于常用口头的讲授，或恐有失落系统的毛病，故定出些书本来，而定书本也要看学生的程度，高下适宜才对。作学生的，也不是天天到校把教科书熟读了，就算完事，要知道书本是不过给我一个例子，我要从具体的东西内抽出公例来，好应用到别处去。譬如从书上学到菊花、看见梅花时，便知也是一种植物；从书上学得道南学校、看见端蒙学校，便也知道是什么处所；若果能像这样地应用，就是不能读熟书本，也可说书上的东西都学得了。

再现在各学校内，每把学生分为班次，要知这是不得已的办法，缘学生的个性不同：有的近文学，有的喜算术等；所以各人于各科进步的快慢，也不能一致，但因经济方面，或其他的关系，一时竟没法子想。然亦总须活用为妙。即有特别的天才的，总宜施以特别的教练。在学生方面，也要自省，我于哪几科觉得很困难的，须格外用功些，哪几科觉得特别喜欢的，也不妨多学些。总之，教授求学，两不可呆板便了。

至于德育，并不是照前人预定的格言作去就算数。有些人心目中，以为孔子或孟子所讲的总是不差，照他们圣人的话实行去，便是有道德了；其实这种见解，是不对的。什么叫道德，并不是由前人已造成的路走去的意义，乃是在不论何时何地照此作法，大家都能适宜的一种举措标准。是以万事的条件不同，原理则一。譬如人不可只爱自己，于是有些人讲要爱家，这便偏于家庭；或有些人提倡爱群，又偏于群的方面了。可是他的原理，只是爱人一语罢了。故我们要一方考察现时的风俗情形，一方推求出旧道德所以酿成的缘故，拿来比较一下。若是某种旧道德成立的缘故，现在已经没有了，也不妨把他改去，不必去死守他。我此刻在中学校看见办有图书馆、童子军等，这些事物，于许多人很适宜，于四周办事人亦无妨害，这便不是不道德。总之，道德不是记熟几句格言，就可以了事的，要重在实行。随时随地，抱着试验的态度，因为天下没有一劳永逸的事情，若说今天这样，便可永远这样，这是大误。要随时随地，看事势的情形，而改变举措的标准。去批评人家时，也要考察他人所处的环境怎样而下断语才是。

第四美育，从前将美育包在德育里的，为什么审查教育会，要把他分出来呢？因为挽近人士，太把美育忽略了，按我国古时的礼乐二艺，有严肃优美的好处。西洋教育，亦很注意美感的。为要特别警醒社会起见，所以把美育特提出来，与体智德并为四育。

美育之在普通学校内，为图工音乐等课。可是亦须活用，不可成为机械的作用。从前写字的，往往描摹古人的法帖，一点一画，依样葫芦，还要说这是赵字哪，这是柳字哪，其实已经失却生气，和机器差不多，美在哪里？

图画也是如此，从前学子，往往临摹范本，圆的圆，三角的三角，丝毫不变，这亦不可算美。现在新加坡的天气很好，故到处有自然的美，要找美育的材料，很容易。最好叫学生以己意取材，喜图画的，教他图画；喜雕刻的，就教他雕刻；引起他美的兴趣。不然，学生喜欢的不教，不喜欢的硬叫他去做，要求进步，很难说的。像儿童本喜自由游戏，有些人却去教他们很繁难的舞蹈，儿童本喜自由嬉唱，现在的学校内，却多照日本式用1234567等，填了谱，不管有无意义，教儿童去唱。这样完全和儿童的天真天籁相反。还有看见西洋教音乐，要用风琴的，于是也就买起风琴来，叫小孩子和着唱。实则我们中国，也有箫笛等简单的乐器，何尝不可用？必要事事模仿人家，终不免带着机械性质，于美育上，就不可算是真美。

以上四育，都宜时时试验演进，要一无偏枯，才可教练得儿童有健全的人格。

学校教育注重学生健全的人格，故处处要使学生自动。通常学校的教习，每说我要学生圆就圆，要学生方就方，这便大误。最好使学生自学，教者不宜硬以自己的意思，压到学生身上。不过看各人的个性，去帮助他们作业罢了。但寻常一级的学生，总有二十人左右。一位教员，断不能知道各个学生的个性，所以在学生方面，也应自觉，教我的先生，既不能很知道我，最知我的，便是我自己了。如此，则一切均须自助才好。大概受毕普通教育，至少要获得地平线以上的人格，使四育平均发展。

又我们人类，本是进化的动物，对于现状常觉不满足的。故这里有了小学，渐觉中学的不可少，办了普通教育，又觉职业教育的不可少了。南洋是富于实业的地方，我们华侨初到这里的，大多数从工事入手以创造家业。不过发大财成大功的，都从商务上得来。商业在南洋，的确很当注意的，这里的中学，就应社会的需要，而先办商科。然若进一步去研究，商业的发达，必借原料的充裕，那原料，又怎样能充裕呢？不消说，全在农业的精进了。农业更须种种的农具，要求器械的供给，又宜先开矿才行，这又侧重到工艺上头。按我国制造的幼稚，实在不容不从速补救。开了铁矿自己不会炼钢，却将原料卖给别国，岂不可惜？若精了制造术，便不怕原料的一时跌价，因为我们能自己制造应用品出售，也可不吃大亏啦。

照现在的社会看来，商务的发达，可算到极点了，以后能否保持现状，或更有所进步，这都不能有把握。万一退步起来，那么，急需从根本上补救。像研究农业和开工厂等，都足为经商的后盾，使商务的基础，十分稳固，便不愁不能发展。故学生中有天性近农近工的，不妨分头去研究，切不可都走一条路。

农商工的应用，我们都知道了。但在西洋，这三项都极猛进。而我国自古以农立国，工业一途，亦发达极早。何以到了今日都远不如他们呢？这便因他们有科学的缘故。一个小孩子知识未足时，往往不知事物的源本。所以若去问小孩子，饭是从哪里来的？他便说"从饭桶里来的"。聪明些的，或能说"从锅子里来的"。都不能说从田里来的。我国的农夫，不能使用新法，且连一亩田能出多少米，养活多少人，都不能计算出来，这岂不是和小孩子差不多么？故现在的学生，对于某种科学有特别的兴味的，大可去专门研究。即如性喜音乐的，将来执业于社会，能调养他人的精神，提高社会的文化，也尽有价值，尽早自立。做教师的，不妨去鼓舞他们，使有成功。总之，受毕普通教育，还要力图上进，不可苟安现状。若愁新洲没有专门学校，那可设法回国，或出洋去。

我最后还有几句关于女学校的话要说：这里的学校，固已不少，但可惜还没有女子中学。刚才在中学时，涂先生也曾提及这一层。我想男女都可教育的，况照现在的世界看来，凡男子所能做的，女子也都能做。不过我国男女的界限素严，今年内地各校要试办男女合校时，有许多人反对。若果真大众都以为非分校不可，那就另办一所女子中学也行。若经济问题上，不能另办时，我看也可男女合校的。在美国的学校，大都男女兼收，虽有几校例外，也是历来习惯所致。在欧洲还有把一校划分男女二部的，这也是一种方法。总之，天下无一定不变的程式，只有原理是不差的。我们且把胆子放大了，试试男女合校也好。若家庭中父兄有所怀疑时，就可另办一所女子中学，或把男子中学划分二部，或把讲堂上男女座位分开，便极易办到了。这女子中学一事，只要父兄与学生两方面，多数要求起来，我想一定可以实现的。我今日所说的，就是这些了。

1921 年

中国现代大学观念及教育趋向

在古代中国，文明之根一直没有停止过它的生长，尽管关于这方面的历史记载极少。进行高等教育的机构早在两千年前就出现了，那时称之为"太学"。随后，又从这一初步形式，逐步演变为一种称之为"国子监"的教育制度。它包括伦理教育、政治与文学教育。现在看来，这是必然的发展，并且随着这一发展而增设了包括写与算等更多的学科。但增设的这些科目，在钦定的学校课程中，是无足轻重的。数百年来，教育的目的只有一项，即对人们进行实践能力的训练，使他们能承担政府所急需的工作。总之，古代中国只有一种教育形式，因此，其质与量不能估计过高。

晚清时期，东方出现了急剧的变化。为了维护其社会生存，不得不对教育进行变革。当时摆在我们面前的问题，是要仿效欧洲的形式，建立自己的大学。当这些大学建立了起来并有了良好的管理以后，就成为一支具有我们自己传统教学方法的蓬蓬勃勃的令人称誉的力量。初时的大学，也曾设置了与西方大学的神学科相应的独立的经科。这些大学推行的总方针，还是为了要产生一个于政府有用、能尽忠职守的群体。

随着一九一一年民国的成立，它把政府的控制权移到了民众手中——在大学内部也体现了这种新的精神。最早奏效的改革，是废除经科，从而使大学具备了成立文、理、医、农、工、法、商等科的可能性。作为上述这项方针的结果，一批大学建立了起来，几乎所有这些大学都完全或基本上贯彻了政府关于教育方面的指示。迄今为止，在北京（首都）有国立北京大学，在天津有北洋大学，在太原有山西大学，在南京有国立东南大学，在湖北有武昌大学，以及在首都还有其他一些大学，所有这些大学，皆直属中央政府，经费由中央政府拨给。最近，几所省立大学也相继宣告成立，其他一些则正在筹建之中。直隶的河北大学、沈阳的东北大学、陕西的西北大学、河南的郑州大学、广州的广东大学以及云南的东陆大学，都有了良好的开端。其他各省也都在积极筹建它们本省的大学。一些以办学有方而著称的私立大学，如天津的南开大学和厦门的厦门大学，也是值得一提的。至于那些已获得政府承认的学院，更是不计其数。尽管这些大学所设系、科各不相同，但都有同样的组织形式。它们的目标，不仅在于培养人们的实际工作能力，还在于培养人们在各种知识领域中作进一步深入研究的能力。

下面请允许我以一所具体的大学，即我非常熟悉的国立北京大学的一些情况来对我所谈的加以印证。

众所周知，这所大学由于她的起源及独特的历史而具备较完善的组织系统。根据目前的发展趋势方向，我们很自然地能预见到未来的进展。但是，这种发展趋势和方向的主要特点究竟是什么呢？对此我想说明如下：也许说明整个问题的最简捷的方法，是回顾一下近几年的改革过程，这些改革对北大的发展是有重大意义的。在一九一二年，曾制订了一项扩充北大所有学科的系科计划，但后来鉴于某些系科，例如医科和农科等，宜于归并到其他一些对此已具有良好设备条件的大学中去，因而放弃了这一计划。在考虑了这些情况以后，北大确认对它最必要的，是设置文、理、工、法等科。就这样，北大以这四科发展到一九一六年，成为教育界有影响的组成部分。接着，为了有利于北洋大学和北京工业专门学校，北大又把工科划了出去，以便与上述两校取得协作。随后，不但在国立北京大学，而且在全国范围都发生了一个巨大的变化，那就是：有着众多系科的旧式"大学"（名符其实的"大"学）体制逐渐衰亡，单科（或少数几科）的大学在更具体的规模上兴起。这个变化的最终结果，现在尚无法预测，但就目前而言，其效果是创立了易受中央和地方政府资助的特殊的大学教育形式。由于这个变化，高等教育机构则可能由几个或仅仅一个系（这里所说的"系"与美国大学的"学院"一词同义）组成。

一九二〇年，北大按旧体制建立的文、理、法科被重新改组为以下五个部：

第一部　数学系，物理系，天文系。

第二部　化学系，地质系，生物系。

第三部　心理系，哲学系，教育系。

第四部　中国语言文学系，英国语言文学系，法国语言文学系，德国语言文学系以及行将设置的其他国家的语言文学系。

第五部　经济系，政治系，法律系，史地系。

其他正在考虑开设的系，将按其性质分别归入以上五个部。

当时之所以有这样的改变，其着眼点乃是现行大学制度急需重新厘订，以便适应国家新的需要。此外，还有如下几点原因。

1. 从理论上讲，某些学科很难按文、理的名称加以明确的划分。要精确地限定任何一门学科的范围，不是一件轻而易举的事。例如，地理就与许多学科有关，可以属于几个系：当它涉及地质矿物学时，可归入理科；当它涉及政治地理学时，又可归入法科。再如生物学，当它涉及化石、动植物的形态结构以及人类的心理状态时，可归入理科；而当我们从神学家的观点来探讨进化论时，则又可把它归入文科。至于对那些研究活动中的事物的科学进行知识范围的划分尤为困难。例如，心理学向来被认为是哲学的一个分支，但是，自从科学家通过实验研究，用自然科学的语言表达了人类心理状况以后，他们又认为心理学应属于理科。摆在我们面前的，还有自然哲学（即物理学）这个专门名词，它可以归入理科；而又由于它的玄学理论，可以归入文科。根据这些情况，我们决定不用"科"这个名称，尽管它在中国曾得到广泛的承认，但我们却对这个名称不满意。

2. 就学生方面来说，如果进入一所各科只开设与其他学科完全分开的、只有本科专业课程的大学，那对他的教育将是不利的。因为这样一来，理科学生势必放弃对哲学与文学的爱好，使他们失去了在这方面的造诣机会。结果他的教育将受到机械论的支配。他最终会产生一种错误的认识，认为客观上的社会存在形式是一回事，而主观上的社会存在形式完全是另一回事，两者截然无关。这将导至（致）自私自利的社会或机械社会的发展。而在另一方面，文科学生因为想回避复杂的事物，就变得讨厌学习物理、化学、生物等科学。这样，他们还没有掌握住哲学的一般概念，就失去了基础，抓不住周围事物的本质，只剩下玄而又玄的观念。因此，我们决心打破存在于从事不同知识领域学习的学生之间的障碍。

3. 现在，我们再看看北大的行政组织。当时的组织系统尽管没有什么人对之有异议，但却存在着很大的问题。内部的不协调，主要在于三个科，每一科有一名学长，惟有他有权管理本科教务，并且只对校长负责。这种组织形式形同专制政府；随着民主精神的高涨，它必然要被改革掉。这一改革，首先是组织了一个由各个教授、讲师联合会组成的更大规模的教授会，由它负责管理各系。同时，从各科中各自选出本系的主任；再从这些主任中选出一名负责所有各系工作的教务长。再由教务长召集各系主任一同合作进行教学管理。至于北大的行政事务，校长有权指定某些教师组成诸如图书委员会、仪器委员会、财政委员会和总务委员会等。每个委员会选出一人任主席，同时，跟教授、讲师组成教授会的方法相同，这些主席组成他们的行政会。该会的执行主席则由校长遴选。他们就这样组成了一个双重的行政管理体制，一方面是教授会；另方面是行政会。但是，这种组织形式还是不够完善，因为缺少立法机构。因此又召集所有从事教学的人员选出代表，组成评议会。这就是为许多人称道的北京大学"教授治校"制。

如上所说，北大的进步尽管缓慢，但是从晚清至今，这种进步已经是不可逆转的了。这些穷年累月才完成的早期改革，同大学教育的目的与观念有极大的关系。大学教育的目的与观念是明确的，就是要使索然寡味的学习趣味化，激起人们的求知欲望。我们决不把北大仅仅看成是这样一个场所——对学生进行有效的训练，训练他们日后成为工作称职的人。无疑，北大每年是有不少毕业生要从事各项工作的，但是，也还有一些研究生在极其认真地从事高深的研究工作，而且，他们的研究总是及时地受到前辈的鼓励与认可。这里，请允许我说明，北大最近设置了研究生奖学金和其他设施。我们中国自古以来就以宣扬和实践"朴素的生活，高尚的思想"而著称。因此，按照当代学者的看法，这所大学还负有培育及维护一种高标准的个人品德的责任，而这种品德对于作一个好学生以及今后作一个好国民来说，是不可缺少的。

为了对上面所提到的高深研究工作加以鼓励，北大还采取了以下一些措施。

（甲）强调教授及讲师不仅仅是授课，还要不放过一切有利于自己研究的机会，使自己的知识不断更新，保持活力。

（乙）在每一个系，开始了由师生合作进行科学方面及其他方面的研究。

（丙）研究者进行学术讨论有绝对自由，丝毫不受政治、宗教、历史纠纷或传统观念的干扰。即使产生了对立的观点，也应作出正确的判断和合理的说明，避免混战。

为了培养性格、品德，还采取了如下一些措施。

（甲）制定体育教育计划：（1）每年进行各种运动技能比赛。与外界举行比赛和其他的室外比赛，吸引了所有的北大师生，其水准可与西方相比。足球、网球、赛马、游泳、划船等活动同样令人喜爱。（2）可志愿参加某些军训项目，特别是童子军运动正在兴起。

（乙）为培养学生对美术与自然美的鉴赏能力，成立了雕塑研究会和音乐研究会。

（丙）学生们利用课余时间在（为）学校附近的文盲及劳工社会服务，深受公众的赞赏。其中最突出的是在乡村地区开展平民讲习运动和对普通市民开办平民夜校。学生们通过这些活动，极大地促进了自己的身心发展。

当中国的青年一代在思想上接受了新的因素之后，他们对政府与社会问题的态度就变得纷繁复杂了。他们热情奔放地参加一切政治活动，这已在全国各地不同程度地表现出来。这种学生运动虽然是当代所特有的（如巴黎与哈瓦那所报道的那样），但在中国的汉代及明代历史上已早有先例。它只是在近几年中采取了更为激烈的反抗形式而已。学校当局的看法是，如果学生的行为不超出公民身份的范围，如果学生的行为怀有良好的爱国主义信念，那么，学生是无可指责的。学校当局对此应正确判断，不应干预学生运动，也不应把干预学生运动看成是自己对学生的责任。现代的教育已确实把我们的学生从统治者的束缚中解放了出来。总的来说，这场活跃的运动已经在我们年轻一代的思想中灌注了思想、兴趣和为社会服务的真诚愿望，从而赋予他们以创造力和组织力，增强了领导能力，促进了友谊。但是，这也可能使学生本身受害，危及他们已取得的进步。学校当局正是基于这点才以极大的同情与慈爱而保护他们。

上述的概括，可能已足以说明中国大学教育的总的趋向，这是从我在北大任职期间的个人经历中总结出来的。至于中国教育的发展，特别是目前教育的发展，可能还存在其他倾向；即使在北大，这些带有倾向性的改革，不论其是否起了作用，我们认为它还是很不完善的。更确切地说，我们的改革与实验，使我们确信我们的大学目标与观念仍然是很不成熟的。

1925 年 4 月 3 日

大学教育

大学教育者，学生于中学毕业以后，所受更进一级之教育也。其科目为文、理、神学、法、医、药、农、工、商、师范、音乐、美术、陆海军等。前五者自神学以外，为各国大学所公有。惟旧制合文、理为一科，而名为哲学，现今德语诸国，尚仍用之。农、工、商以下各科，多独立而为专门学校，如法国之国立美术专门学校（Ecole Nationale et Specialedes Beaux Arts）之类；抑或谓之高等学校，如德国之理工高等学校（Techniche Hochschnle）之类；或仅称学校，如法国百工学校（Ecole Polytechnique）之类；或单称学院，如法国巴士特学院（L'Institut Pasteur）之类。用大学教育之广义，则可以包括之。我国旧仿日本制，于大学以下，有一种专门学校，如农业专门学校、医学专门学校之类。虽程度较低，年限较短，然既为中等学校以上之教育，不妨列诸大学教育之内。惟旧式之高等学校，后改为大学预科，而新制编入高级中学者，则当属于中学之范围，而于大学无关焉。

吾国历史上本有一种大学，通称太学，最早谓之上庠，谓之辟雍，最后谓之国子监。其用意与今之大学相类，有学生、有教官、有学科、有积分之法、有入学资格、有学位、其组织亦颇似今之大学。然最近时期，所谓国子监者，早已有名无实。故吾国今日之大学，乃直取欧洲大学之制而模仿之，并不自古之太学演化而成也。

欧洲大学，在拉丁原名，本为教育与学者之总会（Universitat Magrotrorum et Scholarium），其后演而为知识之总汇（Universitat Littera rum），而此后各国大学即取其总义为名。欧洲最早之大学，为十二、十三世纪间在意大利、法兰西、西班牙诸国所设者；十四世纪以后，盛行于德语诸国，即专设神学、法学、医学、哲学四科者是也。其初注重应用，几以哲学为前三科之预科。及科学与文哲之学各别发展，具有独立资格，遂演化而为文、理两科。然德语诸国，为哲学一科如故也。拿破仑时代，曾以神学、法学、医学为养成教士、法吏、医生之所，因指文理科为养成中学以上教员之所。各国虽不必皆有此种明文，而事实上自然有此趋势。所以各国皆于中学校以外，设师范学校，以养成小学教员；而于大学外，特设高等师范学校，以养成中学教员者，不多见也。法国于革命时，曾解散大学为各种专门学校；但其后又集合之而组为大学，均不设神学科，而另设药科；惟新自德国争回史太师埠之大学，有天主教与耶稣教之神学科各一，为例外耳。法国分全国为十七大学区，大学总长兼该区教育厅长，不特为大学内部之行政长，而一区以内中、小学校及其他一切教育行政，皆受其统辖焉。其保留中古时代教者与学者总会之旧制者，为英国之牛津、剑桥两大学。牛津由二十精舍（College）组成，剑桥由十七精舍组成。每一精舍，均为教员与学生共同生活之所。每一教员为若干学生之导师，示以为学之次第而监督之。学生于求学以外，尤须努力于交际与运动，以为养成绅士资格之训练。

大学教员有教授、额外教授与讲师等，以一定时间，在教室讲授学理。其为实地练习者，有研究所、实验室、病院等。研究所（Seminal 或作 Tuotitut）大抵为文、法等科而设，备有图书及其他必要之参考品。本为高等学生练习课程之机关，故常有一种课程，由教员指定条目，举出参考书，令学生同时研究，而分期报告，以资讨论。抑或指定名著，分段研讨，与讲义相辅而行。而教员与毕业生之有志研究学术者，亦即在研究所用功。如古物学、历史学、美术史等研究所，间亦附有陈列所，与地质学、生物学等陈列所相等；不但供本校师生之考察，且亦定期公开，以便校外人参观。至于较大之建设，如植物院、动物院、天文台、美术、历史、自然史、民族学等博物院，则恒由国立或市立，而大学师生有特别利用之权。实验室大抵为理科及农、工、医等科而设；然文科之心理学、教育学、美学、言语学等，亦渐渐有实验室之需要。病院为医科而设，一方面为病人施治疗，一方面即为学生实习之所也。此外，则图书馆亦为大学最要之设备。

欧洲各国大学，自牛津、剑桥而外，其中心点皆在智育。对于学生平日之行动，学校不复干涉，亦不为学生设寄宿舍。大学生自经严格的中学教育以后，多能自治，学校不妨放任也。惟中古时代学生组合之遗风，演存于德语诸国者，尚有一种学生会。每一学生会，各有其特别之服装与徽章，遇学校典礼，如开学式、纪念会等，各会之学生，盛装驱车，招摇过市，而集于大学之礼堂，参与仪式焉。平日低年级学生有服役于高级生之义务，时时高会豪饮，又相与练习击剑之术。有时甲会与乙会有睚眦之怨，则相约而斗剑，非赘面流血不止。此等私斗之举，为警章所禁；而政府以其有尚武爱国之寓意，则故放任之，与牛津、剑桥之注意运动者同意也。然大学人数较多者，一部分学生，或以家贫，不能供入会费用；或以思想自由，不愿做无意识举动，则不入中古式之学生会，而有自由学生之号。所组织者，率为研究学术与服务社会之团体。大学生注重体育，为各国通例；美国大学，且有一部分学生，特受军事教育者。不特卫生道德，受其影响，而且为他日捍卫国家之准备。吾国各大学，近年于各种体育设备以外，又有学生军之组织，亦此意也。

大学有给予学位之权。德语诸国，仅有博士一级（Doktor）。学生非研究有得，提出论文，经本科教员认可，而又经过主课一种、副课两种之口试，完全通过者，不能得博士学位，即不能毕业。英语诸国，则有三级：第一学士（Bachelor Of Arts）；第二硕士（Master Of Arts）；第三博士。法国亦于博士以前有学士（La Licence）一级。大学又得以博士名义赠予世界著名学者，或国际上有特别关系之人物。

大学初设，惟有男生。其后虽间收女生，而入学之资格，学位之授予，均有严格制限。偶有特设女子大学者，程度亦较低。近年男女平权之理论，逐渐推行，女子求入大学者，人数渐多；于是男女同入大学及同得学位之待遇，遂通行于各国。

大学行政自由之程度，各国不同。法国教育权，集中于政府；大学皆国立，校长由政府任命之。英、美各国，大学多私立，经济权操于董事会，校长由董事会延聘之。德国各大学，或国立，或市立，而其行政权集中于大学之评议会。评议会由校长、大学法官、各科学长与一部分教授组成之。校长及学长，由评议会选举，一年一任。凡愿任大学教员者，于毕业大学而得博士学位后，继续研究；提出论文，经专门教授认可后，复在教授会受各有关系学科诸教授之质问，皆通过；又为公开讲演一次，始得为讲师。其后以著作与名誉之增进，值一时机，进而为额外教授，又递进而为教授，纯属大学内部之条件也。

大学以思想自由为原则。在中古时代，大学教科受教会干涉，教员不得以违禁书籍授学生。近代思想自由之公例，既被公认，能完全实现之者，厥惟大学。大学教员所发表之思想，不但不受任何宗教或政党之拘束，亦不受任何著名学者之牵掣。苟其确有所见，而言之成理，则虽在一校中，两相反对之学说，不妨同时并行，而一任学生之比较而选择，此大学之所以为大也。大学自然为教授、学生而设，然演讲既深，已成为教员与学生共同研究之机关。所以一种讲义，听者或数百人以至千余人；而别有一种讲义，听者或仅数人。在学术上之价值，初不以是为轩轾也。如讲座及研究所之设备，既已成立，则虽无一学生，而教员自行研究，以其所得，贡献于世界，不必以学生之有无为作辍也。

受大学教育者，亦不必以大学生为限。各国大学均有收旁听生之例，不问预备程度，听其选择自由。又有一种公开讲演，或许校外人与学生同听，或专为校外人而设，务与普通服务之时间不相冲突。此所以谋大学教育之普及也。

1930 年

中国教育的发展

要研究中国教育的发展，首先，有必要对早期的历史作些回顾。早在远古时代，中国的圣哲贤君就非常关心教育问题。他们在治理国家、造福人群的过程中，由于碰到了种种困难，才逐步认识到要使国家达到大治，必须把注意力移向有利于国家前途的教育问题上。

教育问题是舜迫切关心的一个问题。据史家记载，他是有史以来第一个任命一位"司徒"，在最基本的人与人之间的关系方面进行教育的圣人。在教会人们耕作收获、教会他们种植五谷以后，舜命令契教导人们"父子有亲，君臣有义，夫妇有别，长幼有序，朋友有信"。这是孟子在舜死后两千年记录下来的。虽然这句话的根据无可稽考，但是这一史料，仍具有重要的价值，因为它是古典文献中关于我国远古时代教育的最早论述。我们从《书经》中还可以获知另一个史实，它可以使我们进一步了解古代教育的发展。据《尧典》记载，舜说："夔，命汝典乐教胄子，直而温，宽而栗，刚而无虐，简而无傲。"显而易见，他认为"乐"在调谐年轻人的感情方面是颇有益处的，它是一种陶冶性情的训练。这看来是一种必然的发展。其时间远在公元前二十三世纪。当时，教育的主要课题，一方面是强调道德义务；另一方面是培养人们种种善良正直的习性。这就是：为作一个良好的人而进行道德教育，为做一个有德性的人而进行社会教育。这两种思想互相融汇，目的在于建立一种和谐的社会关系。我国古代教育家为此而孜孜努力，实际上也实现了这一目标。

往后（公元前十二世纪），产生了更多的学科。一系列学说开始付诸实施，它包括为贵族阶级规定三德、三行、六艺、六经和尊卑次序；为平民规定六德、六行及六艺。我国古代教育家的教育方法，在某些方面同中国现代从西方各国引进的那些方法极为相似。具体地说，古时人们所谓的道德教育实际上就是现代学校课程中的伦理学，而六艺（即礼、乐、射、御、书、数）中的射、御，相当于我们现在的体育。与道德教育和体育有密切联系的是算术。这就形成了我们今天所称的抽象思维的训练和智力的训练。礼仪的教学于今被认为是一种介乎道德教育与智力训练范围之间的科目。以我们现代的观点来衡量，或从这种教育本身对人的身心和谐予以全力关注这一点来衡量，这个时期（从公元前二十三世纪到孟子的时代），可以认为是一个在教育上取得显著成就的时期。其中，更重大的发展，乃是陈旧的教育机构的衰亡，代之而兴起的，是更大规模的叫作"成均"的大型学院机构。我们对此应该给予充分的评价，它的意义在于创立了现代由国家资助的高等教育机构的雏形。

大约在公元前六世纪，我国一些相当于古希腊学院的私学，成为教育界突出的、有影响的组成部分。在这个时期的诸子百家中，开始出现两大显学，这两派的形成是具有重大意义的事情，他们对于各种问题各自作出不同的解释。一方面是孔子以四科，即德行、言语、政事、文学，教导中国；而另一方面则是墨子在策略方面教导中国，他传授一种具有逻辑性的、形象化的辩证的工作方法。虽然如此，墨子对于政治与道德教育的强调仍不亚于孔子。最奇怪的是，在墨子的学说中，还涉及光学和力学，而这些同现代科学竟息息相关。在墨子的著作中，确实提到过物理学与化学，可惜这个天才遭受的是孤军奋战的命运。如果墨子对于科学的伟大思想，不是由于缺乏他同时代的人的支持而停滞不前的话，那么，中国的面貌可能是迥然不同了。

上面所提到的障碍，无疑是由于被混杂着巫术的儒学占了优势地位。巫术者在与墨子学说的斗争中，代表了儒家的传统教义。他们认为万物有灵，对一切社会现象和自然现象，采取神秘的解释，把它们归结为阴、阳两种形式的变化，认为一切事物由五行（即水、木、金、火、土）组成。他们由于受到所掌握的材料的局限，因而在认识上受到严重的限制。而且，更不幸的是，神学化了的儒学，当时无论在官学或在私学中，都占了上风。

公元一世纪时，由于印度哲学开始传入我国，因而在教育方面出现了显著的、极为重要的哲学变化。印度哲学发现自身与老、庄学说相吻合，因此，出现了这三者合流的发展趋势。甚至儒家的学者们，也把他们的道德行为观念和政治观念退到次要的地位，从而兴起了玄学。在公元五世纪，建立了宣传玄学的机构。到公元八世纪，儒学又一次在教育界占支配地位，特别是"四科"再次成为教学原则的具体内容。于是，由印度哲学引起的、历时几百年的扩大知识领域的状况渐渐衰落。从那时起直到十九世纪，学校只采用儒家经典作为教科书，附加一些论述玄学的著作。整整四千年的中国教育，除了有过科学的萌芽，以及玄学曾成功地站住过脚以外，可以说，在实际上丝毫没有受到任何外来的影响，它仅仅发生了由简单到复杂的变化。

　　以上主要是谈了一些古代中国教育的发展，仅限于东方思想范围。我们还必须把我国的教育发展同英国的教育发展作一比较。它们都有令人称道的合理地安排体育与智育的共同思想，都有使学习系统化的共同意向。在礼仪教育方面，我们发现两国的教育，对所谓"礼貌"，都同样采取鼓励的态度。在我国的射、御与英国的竞技精神之间，我们也能发现某些共同点。无论是中国的教育，还是英国的教育，目的都在于塑造人的个性及品质。在这方面，双方对于什么是教育的认识是非常接近的。性格与学业，就孔子的解释而言，应达到和谐一致，而这一点与英国教育所主张的并无差异。

　　儒家提出"君子"作为教育的理想，要求每一个受教育者都要达到这个目标。这与英国的"绅士"教育完全相同。我们阅读儒家经典，经常见到"君子"这个词。对于这个词，如同英语中"绅士"一词一样，我们发现同样难于领会这个词所体现的丰富而深刻的含义。为了对"君子"一词的含义有所了解，现在就让我们随意听听儒家的一些代表人物及孔子本人的言论。孔子的门徒之一、哲学家曾参曾对孟敬子说："君子所贵乎道者三，动容貌，斯远暴慢矣；正颜色，斯近信矣；出辞气，斯远鄙倍矣。"其他一些人认为君子应该"正其衣冠，尊其瞻视"。随后，他就能矜而不骄，严而不暴。这是中国关于君子仪态的言论，同样也是英国教育家强调宣传的观点。至于说到君子的性情气质，我们发现欣赏正直是一个基本的特点。君子"礼以行之，仁以出之，信以成之"。因此，"君子尊贤而容众，嘉善而矜不能。"至于君子本身，我们发现有这些特点，"知者不惑，仁者不忧，勇者不惧。"怎样才能成为君子呢？"文质彬彬，然后君子。"至于说到道德力量，中国教育家鼓励那些人，"可以托六尺之孤，可以寄百里之命，临大节而不可夺也"，成为君子。"君子和而不同"，"人之生也直"。这是君子的力量与信心。上述这些是实现君子行为的正面例子。反之，对于"乡愿"或"贵胄"则予以强烈的警告与斥责，就如西方国家对伪君子的尖锐抨击一样。这种培养君子的教育，无疑同英国教育相同，在中国教育的发展史上具有同等重要的意义。

以上是英国与中国教育观念的相同之处。下面我们再看看它们的不同点，我们发现有两点不同之处。产生不同点的最显著原因在于下面的事实：一个英国人，当他还在襁褓之中，以及在他后来的成长过程中，就受到某种宗教观念的哺育，逐步形成了他的信仰，而这种信仰是他日后生活的指南。而在中国，除了在极其例外的情况下，父母一般不干涉他们子女接受某种宗教，因此他们的子女有权维护自己的信仰自由。但是社会舆论还是表达了对宗教的赞助。第二，我们看到了英国科学教学设备的优异，也看到了我国这方面的短缺。前一点在现时关系不大。关于后一点，我们应当表示这种愿望：我们的教育应该前进，应该使科学教育得到更大的发展。在英国，不仅大学的实验室有很好的设备，而且在科研团体中，也都有良好的设备。英国有四个直属于教育部的国立博物馆，这些博物馆收藏有各种珍品及独特的标本。因而，在英国有这样一种科学气氛，虽则科学家们必须担负开拓科学领域的重任，但他们的工作受到公众的赞赏与分担，因为公众已认识到科学的重要性及其深远的意义。哲学家、思想家及作家们也同样承认他们对科学应尽的职责，因而不必去冒险凭空建立他们的学说。而中国在这方面却没有什么可与相比。在你们南肯辛顿的科学博物馆及自然历史博物馆中，既有理想设计的蓝图，也有具体成就的实例。人们可以看到这一切一直在对教育施加着很大的影响。但是，在中国，我们的教育至少两千年来没有面向更高的科学教育，而却是用完美的品质去塑造人，赋予他一种文学素养而已。

尽管从公元十三世纪以来，我们在与西方接触的过程中，学到了一些自然科学知识（不包括它的消极因素），但是，在好几个世纪以后，才随着基督教的传入而带来了亚里士多德的逻辑知识，欧氏几何学以及其他应用科学知识。直到近半个世纪，中国才从事教育改革，而且还只限于自然科学的教育改革。中国现在认识到，只有新兴的一代能受到新型的教育，古老的文明才能获得新生。中国教育改革的第一步要达到的，是建立大学与专科学校，这一点已经实现了。一八六五年在上海建立了以科学技术为基础的江南制造局，这个局发展到今天，已占地广阔，规模宏大。接着是一八六七年仿照欧洲学院的形式建立了最早的机械学校。此后，在我们发展教育的早期努力中，技术科学的学校和学院，始终处于领先地位，其他性质的学校也随之纷纷建立。一八六七年建立了马尾船政学堂；一八七六年建立了电报学堂；一八八〇年建立了水师学堂；北洋大学（一八八九年）、南洋公学（一八九七年）以及京师大学堂（一八九八年）等学校也相继建立。另一方面，我们派遣一批青年学生到英国、法国及德国留学，学习造船、工程及其他学科。作为西学东渐的传播者，他们的学习是卓有成效的。但是只有为数有限的、并经过遴选的学生，才能享受出国留学的权利，即使对他们来说，我们还是没有能够提供足够的学校，使他们在出国前做好充分的准备。上述这些学校，尽管它们本身很有价值，但还是无法解决这个问题。我们的困难就在于目前学校不足。比派遣留学生和建立学校更为重要的是，必须纠正某些不足之处。由于学校设施的缺乏，许多学生便进入教会学校。在那里，他们可以学到一门外语，并能学到应用科学和理论科学的基础知识。为此，我们对这些学校深致敬佩。然而，政府在打算以其他同等的或更高水平的学校来取代教会学校方面，并不甘心落后。教育工作者们在一些会议上，建议向国立学校提供设备，政府在采纳这些建议的基础上，于一九〇二年颁布了一项规章，自那时以来，教会学校的学生数额便逐渐下降。到一九一〇年，据统计，在十四所英、美教会学校中的学生只有一千多名，而仅在国立北京大学一所学校中，就有学生二千三百多名。当然，这主要由于新创建的中国国立学校向他们敞开了大门，但教会学校本身也存在着某些明显的缺点，例如，轻视中国的历史、文学和其他一些学科，等等。众所周知，每当建立一所教会学校，就要宣传某种宗教教义，它造成了新的影响，产生了新的作用，从而与中国的教育传统相抵触。关于这方面，要说的话是很多的。总之，现在有迹象表明，沿着我们自己的教育发展方向的某种趋势正在逐步加强。

以上我概括地叙述了中国在自然科学研究方面的兴趣的发展，以及对理论科学教育和应用科学教育加以扩展的迫切需要，这是颇有意义的。近二三十年来，在我们全国的科学研究中，萌发了一种新的精神。现在，几乎每一所学校都拥有一些同欧洲从事科研工作的学校所拥有的相同的仪器设备，并且还拥有实验室。在每一所实验室，我们都可以看见师生们一起研究科学，诸如物理、化学、生物，等等。特别是我们的大学，它们为科学教育的发展，为科学应用的发展尽了最大的力量，贡献出了最大的能力，并且在此过程中，表示出希望中国在不久的将来，通过科学的发现与工业的发展，对当代世界文化作出新的贡献。但是它们的努力迄今尚未成功。虽然我们无疑地认识到科学探索的价值，认识到它对中国的物质、文化进步来说，是最重要的因素之一，可是，科学精神对我们的影响究竟有多深，科学精神在现实中究竟有多少体现，这还是有问题的。坦率地说，这纯粹是由于我们没有对从事科研的人在设备的维修、应用和经费方面提供种种方便；是由于那些在国外受到科学技术教育的人回国后，很少有机会来继续他们的研究。因此，我国教育家计划仿照南肯辛顿的科学博物馆和自然历史博物馆的方式，创办一所大规模的研究院。该院将由两个部门组成：一个部门收藏科学仪器、设备、各种图表、模型和机械，用以展示物理、化学及其他自然科学的不同的发展阶段和阐述工艺的发展演变过程。另一部门将展出动物及所有其他自然历史的标本，说明它们之间的原始关系，展出微生物及各类动植物标本，逐渐导致到人类学。创办这样一所研究院所必需的经费，据估计为一千万英镑，地点设在南京或北京。但是，目前我们的教育工作者所面临的是，全国普遍感到财政资金短缺，在这种情况下，要中国实现这个计划，看来是有困难的。然而，我们深信其他大国将会采取同中国在科学事业上合作的方式，在某种程度上给予帮助。英国方面，将要退还庚子赔款，我们认为这是一种慷慨、善意的举动。早在一九二二年，英国政府就在口头上通知中国政府。自从那时以来，各国政府也对此日益关心。现在看来，为了纪念中英之间的友谊，应当把退还的庚子赔款用于一种永恒的形式，这是中国教育家经过深思熟虑的意见。它应该被用于创办这所大型的研究院。我们现在完全可以预期，这个研究院将不仅担负进行高等教育、鼓励科学发展的任务，而且还将成为资料与研究的中心。这是全体中国人民特别是教育工作者们在退还庚款问题上的普遍愿望。

在中国的教育发展中，可能还存在着其他的倾向，但是，最重要、最切望的乃是需要建立一所新的科学研究中心，这是需要特别加以强调的。上面概括的，只是我国教育改革的总的发展情况，而不是它的详细情况，尽管每个细节可能是令人感兴趣的，但这里不再详述了。

1924 年 4 月 10 日

中国教育，其历史与现状

　　今天我以中国代表的资格，而且在这个世界联合会中中国代表等，又是发起人的资格，在这个会中来说话，真是很荣幸的事。本会的会员，都是从世界各处来的。本会所已经讨论的问题，也都是关于世界各处共通的问题。我虽然身任中国教育界重要的职员，但是我个人对于本会，此次却并没有特别的意见发表。而且我的话也不像教育专家对于世界共通问题的讨论那样重要，所以我并未特别提出讨论的问题。不过据我个人对于中国教育的历史和现况等情形，有点观察，请向诸君一述。

　　中国教育，几乎自古至今处于一种状况之下，此种状况，若以现代的名称来说，即与"个人训育"相同，不过训育的地方为国都的国立教育机关，和各省各乡的官立教育机关。这种教育制度，包括高等教育在内，在两千年以前，即已经存在，是为太学，这就是"国子监"的制度的胚胎。"国子监"的教育，重在道德的涵养，也兼重政治和文学。在这种的教育机关以内的学生，都是分班授课。各班全由教习主持，学生与教习的关系犹如在私塾中一样。到了孟子时代，这种私家教授的制度，愈见发达，其性质颇与希腊时代的学院相类。这种类似学院的制度，在最近两世纪以内，尤为重要。再就历史上考察起来，王阳明最有名，而影响最久最大。他这种学院制的教学，与后来清朝颜元

（习斋）的书院，都是由古代的学院制度蜕化出来的。这种学制，在现在虽已成了历史上的事实，但是它对于现代教育上待解决的许多大问题，颇有影响。

这种学制的好处，总括起来讲，可分为下列数项：（一）注重道德的训练为人格的养成；（二）激发个性，并使之遍观博览，纯任自由；（三）就个人的资质，而施一种特殊的得当的教诲，不致如分班教授，使天资愚钝的人感受困难。这种制度的自身，也还有几种特点，也值得一述，就是：（一）在我们古代学校中的课程，对于知识的启发方面大有考究，尤其对于文学和古典学等科，不过其侧重之点，在人格的修业与文学知识的养成，而不注重于科学方面教授。（二）我们这种古代教育的目的，在使学者终身讲习，预备去通过各种的官家考试，因为这种考试，便是学者将来服务于政治方面惟一的途径。这种教育与普通公民教育注重一般的知识的不同。

在清朝末年时代，即为最近的二十五年以内，东方的教育，可算是经遇一个大改变。教育的方面，在此改变之后，才注重于生活的各方面。现在我们的重要问题，便是仿照欧洲的教育制度，发展学校教育，建设各种学校，自幼稚园以至专门大学。在最初，官立学校，仍然是一种书院制的变形，其后渐渐变为日本革新后之形式，而变为德法式，至今又变为英美式，并且有一种启发知识的驱迫力。但是仍然不与我们古代的知识教育相妨。学术的课程繁多，试验的新制度，不过是升级降级及毕业而已。

至一九二一（二）年，经过几次教育讨论会以后，政府始下强迫教育的通令。那时正是我任教育总长的时代，在小学教育的发展的经过中，我们看见许多失学或过学龄的儿童，渐渐有受教育的机会了。这种学校教育的宗旨，不过是使学者有适应生活的能力，同时又可以使他们自进于高深学术的研究。因此便有一种希望，而且不断地进步。

自从本会在美洲旧金山开会以来，中国的教育又经过几许的发展。现在已认识清楚的事情，就是非用新式的教育，不能复兴我们古代的文明。最近两年来教育界的活力与进步，有几件事值得考虑。

（1）第一件重要的事，就是注重科学教育，这要算是中国新教育最可注意的地方。在一九二二年的时候，美国教育家孟禄博士到中国，曾指出中国教育的缺点，就是科学教育不发达。因为孟禄博士的议论，中华教育改进社为提倡及改进教育起见，特聘美国俄亥俄大学的推士博士，请其指陈应如何发展科学教育，如数学及理化等，于是北京清华学校，特于一九二四年特为教授科学的教习们，开办一暑期学校。现在现（文）在南京的国立东南大学举行第二次的暑期学校，上海商务（印）书馆又特别出售各种最新的科学用具，使各校易于置备。

（2）第二件可注意的，便是我国的教会学校。据最近的调查，知道全国新教的教会学校的学生约三十万人，在罗马教会学校的学生约二十万零五千人，就大概的情形看来，在教会学校学生的人数，还有逐渐增加的趋势。但是凡有教会学校的地方，总有一种宣传宗教的势力，颇与教育的宗旨相背驰。并且他们忽视中国历史、文学等科，而另用一种教育的方式，颇与中国政府所定的教育制度相违背，因此他们便成了中国教育发展的妨碍者。

并且中国教育家所崇信的，多半与教会教育立于反对方面。幼年学子，如素丝白纸，近朱者赤，近墨者黑，全视教育的人为转移。中国的儿童，本生于一种无宗教的环境中，如果我们果真尊重他们的自由发展，我们不应该使他束缚。

（3）第三件为公民教育运动。一九二三年，中华教育改进社，在北京清华学校开常年会，决议组织公共机关，发展社会教育，使不识字和无知识的人有受教育的机会，于是全国皆一致赞成。第一件要紧事，就是白话文的普遍方法及其教与学的方法。不论杂志、报章、小说等，皆用白话，即一切优美的文学作品，及哲学、社会科学等，亦用白话文作成。

因此在最近两年，中国新人这种公共学校的学生，竟增加了两百万之多。由此可知强迫教育，在中国不久即当普遍，而且不识字的人的罚款，也可以连带做到。我们可以相信，这种公民教育运动，可以在短的时间内，可以使二百万不识字的人识字，实在不是欺人之谈。

（4）第四件要算图书馆的运动了。中国自周朝以来，就有图书馆的存在。但是学校图书馆的存在，却是现在才有。据现在的调查，可以知道有十二个专门学校的图书馆已成立，在我们离开中国时，国内又新有一个全国图书馆协会的发生。其目的在促进新图书馆的成立。并且研究用较好的方法，去引起许多人利用图书馆，使看书的人日渐加多，并且也很注意美国庚子赔款退还的一部分内，即规定有建设新式图书馆的支配法。

现在我要想说几句关于中国最近学生运动，这可以说是中国人争回自由的运动。并且这个问题成了世界一个很重大的问题。我们在这会中，声言由学校可以促进世界国际的和平。但是除了这个会以外，究竟谁能负这个责任呢？我的意思以为最要紧应该想出国际间亲善及互相了解的法子，以现在的中国近事而论，也要有国际间公平的待遇。

现在中国曾经受了新教育的熏陶和正义人道的福音的人，至少有四五百万。诸公知道这二十世纪的短时间内，是看不出他的结果的。但是这种运动，是很可以使欧美各国的政治思想受很深的改变的。至于说到学生方面，现在的新教育，确已经把他们从奴隶束缚的威权中解放出来，这些怀抱得有新思想愿舍身于新运动的青年，对于各种政治问题的态度，是有改变的力量的。

况且这种学生运动，虽说是属于现代的特产物，其实，在中国历史里，汉、明两朝都有先例，就教育家的观察点而论，如果学生运动，纯是一种真诚的爱国心的表现，以行使他们公民的本分，那就是毫无错处的。

并且另一方面，这种运动，可以使他们得着许多最可宝贵的经验与成效，使一种社会服务的兴趣与志愿，深入于他们心中，又可培养引导成一种合作的才能。

但是这种运动，又每每使他们的自身和已有的新进步，陷于危险状况之内。这个事情，真是很复杂很冒险的。因此之故，我们国内教育家都用一种同情心及慈善心，爱护他们，并且寻出一种妥善的引导方法，指示他们以正大的鹄的，使他们由此可以得到众心而不任性的研究。其结果可以得到较伟大较自然的成绩。

因此我们不能不属望于在座的各大教育家，平心静气地去认识那有促进世界和平的价值的运动，并且开诚布公地寻出国际相与的正道。故知由学校方面着手，以促进世界和平，真正要算是教育上的根本问题，并且再没有其他的问题有这样同等的重要而且艰难了。

1925 年

中国新教育之趋势

——在暨南大学演说词

今天是总理诞辰，我们都来开会纪念他，那么，对于他的主义一定是十分信仰，对于他的计划一定是要力行的。但是总理的计划很大，如军事、教育、政治、经济等皆是，我们不能够完全担任，只能分工做去，以谋完成他的计划。我们分任教育，所以只能讲教育。前天贵校教务长说，同学们要我来讲中国新教育的趋势，现在请先说大学区的组织，然后再说新教育的意义。

大学区是地方教育行政上的一种制度。在七八年前，我曾发表过意见说：最好是以大学来管理全省的学务，但是，未曾实现。迨国民革命军达到浙江之后，蒋君梦麟就要把浙江先行试验一下，因为现在是二十世纪，无一桩事体不与从前相差很远的。我们应该顺应时代的潮流，不能牢守旧制，不谋改革。而且一省的教育范围很大，大学、中学、小学都包括其中，断非一个教育厅所能办得好的。我们拿工业上制造品来说，是以美为要件的，譬如一只花瓶，一定要经过科学方法的发明，富有美术的意味，买花瓶的人，必定选一个合意的，就是以它为美丽。何以要有所选择呢？就是因为好的被选择，不好的被淘汰，美术才有发展进步的机会呵！教育是培养人才的，是不可以不注意科学与艺术的。办学校的教职员，有的是师范生，有的不是师范生，他们好不好，教育厅是应当去考察的，假如仍由从前官僚化的教育厅来管理地方教育行政，那是永无改进的希望的。因为教育厅厅长及科长、科员等，他们的学识，固然未必全在学校教职员之上。而且他们离开学校很久，不甚明白社会的潮流，所以他们尽敷衍表面，而无实际的心得。现在大学区的办法，是由大学校长兼管本区的中小学及其他特殊教育，教育行政都归大学教授组织，并且有研究院担任种种计划。这种制度，法国久已实行了，法国分全国为十七个大学区。我本想分全国为十个大学区，恐怕难于成功，所以规划在江苏、浙江两省试办，不过粗具规模罢了。现在的教育行政部，是一部分教授和专门研究过教育的学者来组织的，我想比从前的教育厅总许要好些，办得长久，定会发达的。至于中央的大学院，除掉一小部分属于行政事情以外，其余皆是研究的机关，如美术院、音乐院、中央研究院等皆是。

现在我再来讲新教育之意义，可分三点：

（一）养成科学的头脑

从前有许多不是科学的，如心理学从前是附属于哲学，现在应用物理的方法，生理的方法来研究它，便成为科学了。又如经济、政治也是应用科学方法来研究的。还有许多用统计的方法的，均不离科学，而且与科学相连贯。现在有许多人最易受刺激，听人怎样说，便怎样信，这实在是因为他们没有科学头脑，不能求其因果。凡事要考求其所以然，要穷究其因果关系，那么他的头脑才算经过一番科学的训练。譬如开车，我要由上海到真如，定要再等一个钟点，并且要亲至站里头看看开行的时刻表，不是人家怎么说，我便怎样信的。因为科学家所发明的，都是有因果、有系统的，物质同办事的两方面，固然是要如此，对于精神的——教育——也是要养成科学的头脑的。希望科学家全体起来，研究怎样可以叫人养成科学的头脑，不妨多办几所研究院。

（二）养成劳动的能力

劳动是人生一桩最要紧的事体。在总理的三民主义中的民生问题，简单说起来，就是人人要能生产，人人能生活。犹如古人所说"一夫不耕，天下受其饥，一妇不织，天下受其寒"的意思。若要人人能生产，那是非打破"劳力"和"劳心"的成见不可，因为有这种的分别，易使一般劳心的永远劳心，劳力者永远劳力，渐渐形成两种阶级。这两种阶级的发生，实由于教育的不平等。所以要想救此弊端，非普及教育不可，使劳动者得有智识，劳心者也去劳力，这实在是一件要紧的事。李石曾先生说过：各个人至少要当三年兵，一年做工，使得劳心者可以养成劳动的习惯，真是一件最好的事！现在大学院创办劳动大学，分为劳工学院、劳农学院，收中学、小学的毕业生，入劳动大学读书，养成他们做工的习惯；又有工人学校，使劳工得些智识，如这样的学校，以后还望逐渐地添办起来。

（三）提倡艺术的兴趣

我们无论做什么事，因为艺术的关系，能够增进我们的精神，便增加了一种兴趣，这就叫作艺术的兴趣。譬如一个文学家，他终身埋在文学里面，旁人看他所工作的，似乎很苦恼，然而他终是不停的工作，这便是得到一种艺术的兴趣，甚至于全忘他的生死。诸君从南洋回到本国来，言语不通，真是非常痛苦的一件事，很可借艺术来调剂，最好多开些音乐会、展览会。在国家方面，多开设几所美术馆、音乐院来提倡艺术的兴趣。不过现在中国，还没有完全的音乐院。这是只有希望做教员的能够学术化，担任的钟点不要多，留着余暇来自修，同学们要认真求学，不可计算几时毕业，只想多收几份讲义便算了事。

从前国内政治不好，教员都不能安心做事，学生不能一心求学。现在军阀的势力已经去掉，到了训政时期，大家可以抱定宗旨，将精神收敛在学校以内，来做国家建设的人才。在此时期，对于科学、劳动、艺术三方面，均须努力。外面虽来了刺激，不像从前那样兴奋。此是我希望诸位同学的。

1927 年 11 月 12 日

对于学生的希望

我于贵省学生界情形不甚熟悉，我所知者为北京学生界情形，各地想也大同小异。今天到此和诸君说话，便以所知之情形，加以推想，贡献诸君。

五四运动以来，全国学生界空气为之一变。许多新现象、新觉悟，都于五四以后发生，举其大者，共得四端。

一　自己尊重自己

吾国办学二十年，犹是从前的科举思想，熬上几个年头，得到文凭一纸，实是从前学生的普通目的。自己的成绩好不好，毕业后中用不中用，一概不问。平日荒嬉既多，一临考试，或抄袭课本，或打听题目，或请画范围，目的只图敷衍，骗到一张证书而已，全不打算自己要作一个什么样人，自己和人类社会有何关系。五四以前之学生情形，恐怕有大多数是这样的。

五四以后不同了。原来五四运动也是社会的各方面酝酿出来的。政治太腐败，社会太龌龊，学生天良未泯，便忍耐不住了。蓄之已久，迸发一朝，于是乎有五四运动。从前的社会很看不起学生，自有此运动，社会便重视学生了。学生亦顿然了解自己的责任，知道自己在人类社会占何种位置，因而觉得自身应该尊重，于现在及将来应如何打算，一变前此荒嬉暴弃的习惯，而发生一种向前进取、开拓自己运命的心。

二　化孤独为共同

"各人自扫门前雪，不管他人瓦上霜"，是中国古人的座右铭，也就是从前学生界的座右铭。从前的好学生，于自己以外，大半是一概不管，纯守一种独善其身的主义。五四运动而后，自己与社会发生了交涉，同学彼此间也常须互助，知道单是自己好，单是自己有学问有思想不行，如想做事真要成功，目的真要达到，非将学问思想推及于自己以外的人不可。于是同志之联络，平民之讲演，社会各方面之诱掖指导，均为最切要的事，化孤独的生活为共同的生活，实是五四以后学生界的一个新觉悟。

三　对自己学问能力的切实了解

从前学生，对于自己的学问有用无用，自己的能力哪处是长、哪处是短，简直不甚了解，不及自觉。五四以后，自己经过了种种困难，于组织上、协同上、应付上，以自己的学问和能力向新旧社会做了一番试验，顿然觉悟到自己学问不够，能力有限。于是一改从前滞钝昏沉的习惯，变为随时留心、遇事注意的习惯了，家庭啦，社会啦，国家啦，世界啦，都变为充实自己学问、发展自己能力的材料。这种新觉悟，也是五四以后才有的。

四　有计划的运动

从前的学生，大半是没有主义的，也没有什么运动。五四以后，又经过各种失败，乃知集合多数人做事，是很不容易的，如何才可以不致失败，如何才可以得到各方面的同情，如何组织，如何计划，均非事先筹度不行。又知群众运动在某种时候虽属必要，但决不可轻动，不合时机，不经组织，没有计划的运动，必然做不成功。这种觉悟，也是到五四以后才有的。于此分五端的进行。

（一）自动的求学　在学校不能单靠教科书和教习，讲堂功课固然要紧，自动自习，随时注意自己发见求学的门径和学问的兴趣，更为要紧。

（二）自己管理自己的行为　学生对于社会，已经处于指导的地位。故自己的行为，必应好生管理。有些学生不喜教职员管理，自己却一意放纵，做出种种坏行。我意不要人家管理，能够自治，是好的。不要管理，自便放纵，是不好的。管理规则、教室规则等，可以不要，但要能够自守秩序。总要办到不要规则而其收效仍如有规则时或且过之才好，平民主义不是不守秩序，罗素是主张自由最力的人，也说自由与秩序并不相妨。我意最好由学生自定规则，自己遵守。

（三）平等及劳动观念　朋友某君和我说："学生倡言要与教职员平等，但其使令工役，横眼厉色，又俨然以主人自居，以奴隶待人。"我友之言，系指从前的学生，我意学生先要与工役及其他知识低于自己的人讲求平等，然后遇教职员之以不平等待己者，可以不答应他。近人盛倡勤工俭学，主张一边读书，一边做工。我意校中工作，可以学生自为。终日读书，于卫生上也有妨碍。凡吃饭不做事专门暴殄天物的人，是吾们所最反对的。脱尔斯太主张泛劳动主义。他自制衣履，自做农工，反对太严格的分工，吾愿学生于此加以注意。

（四）注意美的享乐　近来学生多有为麻雀、扑克或阅恶劣小说等不正当之消遣，此固原因于其人之不悦学，尤以社会及学校无正当之消遣，为主要原因。甚有生趣索然，意兴无聊，因而自杀者。所以吾人急应提倡美育，使人生美化，使人的性灵寄托于美，而将忧患忘却。于学校中可实现者，如音乐、图画、旅行、游戏、演剧等，均可去作，以之代替不好的消遣。但切不要拘泥，只随人意兴所到，适情便可。如音乐一项，笛子、胡琴都可。大家看看文学书，唱唱诗歌，也可以悦性怡情。单独没有兴会，总要有几个人以上共同享乐，学校中要常有此种娱乐的组织。有此种组织，感情可以调和，同学间不好的意见和争执，也要少些了。人是感情的动物，感情要好好涵养之，使活泼而得生趣。

（五）社会服务　社会一般的知识程度不进，各种事业的设施，均感痛苦。五四以来，学生多组织平民学校，教失学的人以普通知识及职业，是一件极好的事。吾见北京每一校有二三百人者，有千人者，甚可乐观。国家办教育，人才与财力均难，平民学校不费特别的人才与财力，而可大收教育之效，故是一件很好的事。又有平民讲演，用讲演的形式与平民以知识，也是一件好事。又调查社会情形，甚为要紧。吾国没有统计，以致诸事无从根据计划，要讲平民主义，要有真正的群众运动，宜从各种细小的调查做起。此次北方旱灾，受饥之民，至三千多万。赈灾筹款，须求引起各方的同情，北京学生联合会乃思得一法，即调查各地灾状，用文字或照片描绘各种灾情，发表出来，借以引起同情。吾出京时，正值学生分组出发，十人一组。即此一宗，可见调查之关系重要。

我以上所讲，是普通的。最后对于湖南学生诸君，尚有二事，须特别说一说。

（一）学生参与教务会议问题　吾在京时，即听见人说湖南学生希望甚高，要求亦甚大，有欲参与学校教务会议之事。吾于学生自治，甚表赞同，惟参与教务会议，以为未可，其故因学校教职员对于校务是负专责的，是时时接洽的。若参入不接洽又不负责任的学生，必不免纷扰。北大学生也曾要求加入评议会，后告以难于办到的理由，他们亦遂中止了。

（二）废止考试问题　湖南学生有反对试验之事。吾亦觉得试验有好多坏处。吾友汤尔和先生曾有文详论此事，主张废考，北大高师学生运动废考甚力。吾对北大办法，则以要不要证书为准，不要证书者废止试验，要证书者仍须试验。

吾意学生对于教职员，不宜求全责备，只要教职员系诚心为学生好，学生总宜原谅他们。现在是青黄不接时代，很难得品学兼备的人才呵。吾只希望学生能有各方面的了解和觉悟，事事为有意识地有计划地进行，就好极了。

1921 年

我在教育界的经验

我自六岁至十七岁，均受教育于私塾；而十八岁至十九岁，即充塾师（民元前二十九年及二十八年）。二十八岁又在李莼客先生京寓中充塾师半年（前十八年）。所教的学生，自六岁至二十余岁不等。教课是练习国文，并没有数学与其他科学。但是教国文的方法，有两件是与现在的教授法相近的：一是对课，二是作八股文。对课与现在的造句法相近。由一字到四字，先生出上联，学生想出下联来。不但名词要对名词，静词要对静词，动词要对动词；而且每一种词里面，又要取其品性相近的。例如先生出一"山"字，是名词，就要用"海"字或"水"字来对他，因为都是地理的名词。又如出"桃红"二字，就要用"柳绿"或"薇紫"等词来对他；第一字都用植物的名词，第二字都用颜色的静词。别的可以类推。这一种工课，不但是作文的开始，也是作诗的基础。所以对到四字课的时候，先生还要用圈发的法子，指示平仄的相对。平声字圈在左下角，上声在左上角，去声右上角，入声右下角。学生作对子时，最好用平声对仄声，仄声对平声（仄声包上、去、入三声）。等到四字对作得合格了，就可以学五言诗，不要再作对子了。

八股文的作法，先作破题：只两句，把题目的大意说一说。破题作得合格了，乃试作承题，四五句。承题作得合格了，乃试作起讲，大约十余句。起讲作得合格了，乃作全篇。全篇的作法，是起讲后，先讲领题，其后分作八股（六股亦可），每两股都是相对的。最后作一结论。由简而繁，确是一种学文的方法。但起讲、承题、破题，都是全篇的雏形；那时候作承题时仍有破题，作起讲时仍有破题、承题，作全篇时仍有破题、承题、起讲，实在是重床叠架了。

我三十二岁（前十四年）九月间，自北京回绍兴，任中西学堂监督，这是我服务于新式学校的开始。这个学堂是用绍兴公款设立的。依学生程度，分三斋，略如今日高小、初中、高中的一年级。今之北京大学校长蒋梦麟君、北大地质学教授王烈君，都是那时候第一斋的小学生。而现任中央研究院秘书的马祀光君、任浙江教育厅科员的沈光烈君，均是那时候第三斋的高才生。外国语原有英、法二种，我到校后又增日本文。教员中授哲学、文学、史学的有马湄莼、薛阆轩、马水臣诸君，授数学及理科的有杜亚泉、寿孝天诸君，主持训育的有胡钟生君，在当时的绍兴，可为极一时之选。但教员中颇有新旧派别，新一点的，笃信进化论，对于旧日尊君卑民，重男轻女的旧习，随时有所纠正，旧一点的不以为然。后来旧的运动校董，出面干涉，我遂辞职（前十三年）。

我三十五岁（前十一年）任南洋公学特班教习。那时候南洋公学还只有小学、中学的学生；因沈子培监督之提议，招特班生四十人，都是擅长古文的；拟授以外国语及经世之学，备将来经济特科之选。我充教授，而江西赵仲宣君、浙江王星垣君相继为学监。学生自由读书，写日记，送我批改。学生除在中学插班习英文外，有愿习日本文的；我不能说日语，但能看书，即用我的看书法教他们，他们就试译书。每月课文一次，也由我评改。四十人中，以邵闻泰（今名力子）、洪允祥、王世、胡仁源、殷祖同、谢忧（今名无量）、李叔同（今出家号弘一）、黄炎培、项骧、贝寿同诸君为高才生。

我三十六岁（前十年），南洋公学学生全体退学，其一部分借中国教育会之助，自组爱国学社，我亦离公学，为学社教员。那时候同任教员的吴稚晖、章太炎诸君，都喜倡言革命，并在张园开演说会，凡是来会演说的人，都是讲排满革命的。我在南洋公学时，所评改之日记及月课，本已倾向于民权女权的提倡，及到学社，受激烈环境的影响，遂亦公言革命无所忌。何海樵君自东京来，介绍我宣誓入同盟会，又介绍我入一学习炸弹制造的小组（此小组本只六人，海樵与杨笃生、苏凤初诸君均在内）。那时候学社中师生的界限很宽，程度较高的学生，一方面受教，一方面即任低级生的教员；教员热心的，一方面授课，一方面与学生同受军事训练。社中军事训练，初由何海樵、山渔昆弟担任，后来南京陆师学堂退学生来社，他们的领袖章行严、林力山二君助何君。我亦断发短装与诸社员同练步伐，至我离学社始已。

爱国学社未成立以前，我与蒋观云、乌目山僧、林少泉（后改名白水）、陈梦坡、吴彦复诸君组织一女学，命名"爱国"。初由蒋君管理，蒋君游日本，我管理。初办时，学生很少；爱国学社成立后，社员家中的妇女，均进爱国女学，学生骤增。尽义务的教员，在数理方面，有王小徐、严练如、钟宪鬯、虞和钦诸君；在文史方面，有叶浩吾、蒋竹庄诸君。一年后，我离爱国女学。我三十八岁（前八年）暑假后，又任爱国女学经理。又约我从弟国亲及龚未生、俞子夷诸君为教员。自三十六岁以后，我已决意参加革命工作。觉得革命只有两途：一是暴动，一是暗杀。在爱国学社中竭力助成军事训练，算是下暴动的种子。又以暗杀于女子更为相宜，于爱国女学，预备下暗杀的种子。一方面受苏凤初君的指导，秘密赁屋，试造炸药，并约钟宪鬯先生相助，因钟先生可向科学仪器馆采办仪器与药料。又约王小徐君试制弹壳，并接受黄克强、蒯若木诸君自东京送来的弹壳，试填炸药，由孙少侯君携往南京僻地试验。一方面在爱国女学为高才生讲法国革命史、俄国虚无党历史，并由钟先生及其馆中同志讲授理化，学分特多，为练制炸弹的预备。年长而根底较深的学生如周怒涛等，亦介绍入同盟会，参加秘密小组。

我三十九岁（前七年），又离爱国女学。嗣后由徐紫则、吴书箴、蒋竹庄诸君相继主持，爱国女学始渐成普通中学，而脱去从前革命性的特殊教育了。

四十岁（前六年），我到北京，在译学馆任教习，讲授国文及西洋史，仅一学期，所编讲义未完，即离馆。

四十一岁至四十五岁（前五年至一年），又为我受教育时期。第一年在柏林，习德语。后三年，在莱比锡，进大学。

四十六岁（民国元年），我任教育总长，发表《对于教育方针之意见》，据清季学部忠君、尊孔、尚公、尚武、尚实的五项宗旨而加以修正，改为军国民教育、实利主义、公民道德、世界观、美育五项。前三项与尚武、尚实、尚公相等，而第四、第五两项却完全不同，以忠君与共和政体不合，尊孔与信仰自由相违，所以删去。至提出世界观教育，就是哲学的课程，意在兼采周秦诸子、印度哲学及欧洲哲学以打破二千年来墨守孔学的旧习。提出美育，因为美感是普遍性，可以破人我彼此的偏见；美感是超越性，可以破生死利害的顾忌，在教育上应特别注重。对于公民道德的纲领，揭法国革命时代所标举的自由、平等、友爱三项，用古义证明说："自由者，'富贵不能淫，贫贱不能移，威武不能屈'是也；古者盖谓之义。平等者，'己所不欲，勿施于人'是也；古者盖谓之恕。友爱者，'己欲立而立人，己欲达而达人'是也；古者盖谓之仁。"

学部旧设普通教育、专门教育两司；改教育部后，我为提倡成人教育、补习教育起见，主张增设社会教育司。

我与次长范静生君常持相对的循环论，范君说："小学没有办好，怎么能有好中学？中学没有办好，怎么能有好大学？所以我们第一步，当先把小学整顿。"我说："没有好大学，中学师资哪里来？没有好中学，小学师资哪里来？所以我们第一步，当先把大学整顿。"把两人的意见合起来，就是自小学以至大学，没有一方面不整顿。不过他的兴趣，偏于普通教育，就在普通教育上多参加一点意见。我的兴趣，偏于高等教育，就在高等教育上多参加一点意见罢了。

我那时候，鉴于各省所办的高等学堂，程度不齐，毕业生进大学时，甚感困难，改为大学预科，附属于大学。又鉴于高等师范学校的科学程度太低，规定逐渐停办；而中学师资，以大学毕业生再修教育学的充之。又以国立大学太少，规定于北京外，再在南京、汉口、成都、广州各设大学一所。后来我的朋友胡君适之等，对于停办各省高等学堂，发见一种缺点，就是每一省会，没有一种吸集学者的机关，使各省文化进步较缓。这个缺点，直到后来各省竞设大学时，才算补救过来。

清季的学制，于大学上，有一通儒院，为大学毕业生研究之所。我于大学令中改名为大学院，即在大学中，分设各种研究所。并规定大学高级生必须入所研究，俟所研究的问题解决后，始能毕业（此仿德国大学制）。但是各大学未能实行。

清季学制，大学中仿各国神学科的例，于文科外又设经科。我以为十四经中，如《易》《论语》《孟子》等，已入哲学系；《诗》《尔雅》，已入文学系；《尚书》、三《礼》《大戴记》、春秋三《传》，已入史学系；无再设经科的必要，废止之。

我认大学为研究学理的机关，要偏重文理两科，所以于大学令中规定：设法商等科而不设文科者不得为大学；设医工农等科而不设理科者，亦不得为大学；但此制迄未实行。而我于任北大校长时，又觉得文理二科之划分，甚为勉强；一则科学中如地理、心理等，兼涉文理；二则习文科者不可不兼习理科，习理科者不可不兼习文科。所以北大的编制，但分十四系，废止文理法等科别。

我五十一岁至五十八岁（民国六年至十二年），任国立北京大学校长。民国五年，我在法国，接教育部电，要我回国，任北大校长。我遂于冬间回来。到上海后，多数友人均劝不可就职，说北大腐败，恐整顿不了。也有少数劝驾的，说：腐败的总要有人去整顿，不妨试一试。我从少数友人的劝，往北京。

北京大学所以著名腐败的缘故，因初办时（称京师大学堂）设仕学、师范等馆，所收的学生，都是京官。后来虽逐渐演变，而官僚的习气，不能洗尽。学生对于专任教员，不甚欢迎，较为认真的，且被反对。独于行政、司法界官吏兼任的，特别欢迎；虽时时请假，年年发旧讲义，也不讨厌，因有此师生关系，毕业后可为奥援。所以学生于讲堂上领受讲义，及当学期、学年考试时要求题目范围特别预备外，对于学术，并没有何等兴会。讲堂以外，又没有高尚的娱乐与自动的组织，遂不得不于学校以外，竞为不正当的消遣。这就是著名腐败的总因。我于第一次对学生演说时，即揭破"大学学生，当以研究学术为天职，不当以大学为升官发财之阶梯"云云。于是广延积学与热心的教员，认真教授，以提起学生研究学问的兴会。并提倡进德会（此会为民国元年吴稚晖、李石曾、张溥泉、汪精卫诸君发起，有不赌、不嫖、不娶妾的三条基本戒，又有不做官吏、不做议员、不饮酒、不食肉、不吸烟的五条选认戒），以挽奔竞及游荡的旧习；助成体育会、音乐会、画法研究会、书法研究会，以供正当的消遣；助成消费公社、学生银行、校役夜班、平民学校、平民讲演团与《新潮》等杂志，以发扬学生自动的精神，养成服务社会的能力。

北大的整顿，自文科起。旧教员中如沈尹默、沈兼士、钱玄同诸君，本已启革新的端绪；自陈独秀君来任学长，胡适之、刘半农、周豫才、周岂明诸君来任教员，而文学革命、思想自由的风气，遂大流行。理科自李仲揆、丁巽甫、王抚五、颜任光、李书华诸君来任教授后，内容始以渐充实。北大旧日的法科，本最离奇，因本国尚无成文之公、私法，乃讲外国法，分为三组：一曰德、曰法，习德文、日文的听讲；二曰英美法，习英文的听讲；三曰法国法，习法文的听讲。我深不以为然，主张授比较法，而那时教员中能授比较法的，只有王亮畴、罗钧任二君。二君均服务司法部，只能任讲师，不能任教授。所以通盘改革，甚为不易。直到王雪艇、周鲠生诸君来任教授后，始组成正式的法科，而学生亦渐去猎官的陋见，引起求学的兴会。

我对于各家学说，依各国大学通例，循思想自由原则，兼容并包。无论何种学派，苟其言之成理，持之有故，尚不达自然淘汰之运命，即使彼此相反，也听他们自由发展。例如陈君介石、陈君汉章一派的文史，与沈君尹默一派不同；黄君季刚一派的文学，又与胡君适之的一派不同；那时候各行其是，并不相妨。对于外国语，也力矫偏重英语的旧习，增设法、德、俄诸国文学系，即世界语亦列为选科。

那时候，受过中等教育的女生，有愿进大学的；各大学不敢提议于教育部。我说：一提议，必通不过。其实学制上并没有专收男生的明文；如招考时有女生来报名，可即著录；如考试及格，可准其就学。请从北大始。于是北大就首先兼收女生，各大学仿行，教育部也默许了。

我于民国十二年离北大，但尚居校长名义，由蒋君梦麐代理，直到十五年自欧洲归来，始完全脱离。

我六十一岁至六十二岁（十六年至十七年）任大学院院长。大学院的组织，与教育部大概相同，因李君石曾提议试行大学区制，选取此名。大学区的组织，是模仿法国的。法国分全国为十六大学区，每区设一大学，区内各种教育事业，都由大学校长管理。这种制度优于省教育厅与市教育局的一点，就是大学有多数学者，多数设备，决非厅局所能及。我们为心醉合议制，还设有大学委员会，聘教育界先进吴稚晖、李石曾诸君为委员。由委员会决议，先在北平（包河北省）、江苏、浙江试办大学区。行了年余，常有反对的人，甚至疑命名"大学"，有蔑视普通教育的趋势，提议于大学院外再设一教育部的。我遂自动地辞职，而政府也就改大学院为教育部；试办的三大学区，从此也取消了。

我在大学院的时候，请杨君杏佛相助。我素来宽容而迁缓，杨君精悍而机警，正可以他之长补我之短。正与元年我在教育部时，请范君静生相助，我偏于理想，而范君注重实战，以他所长补我之短一样。

大学院时代，院中设国际出版品交换处，后来移交中央研究院，近年又移交中央图书馆。

大学院时代，设国立音乐学校于上海，请音乐专家萧君友梅为校长（第一年萧君谦让，由我居校长之名）。增设国立艺术学校于杭州，请图画专家林君风眠为校长。又计划第一次全国美术展览会，但此会开办时，我已离大学院了。

大学院时代，设特约著作员，聘国内在学术上有贡献而不兼有给职者充之，听其自由著作，每月酌送补助费。吴稚晖、李石曾、周豫才诸君皆受聘。

我于六十一岁时，参加中央政治会议，曾与吴稚晖、李石曾、张静江诸君提议在首都、北平、浙江等处，设立研究院，通过。首都一院，由大学院筹办，名曰国立中央研究院。十七年开办，我以大学院院长兼任中央研究院院长。我离大学院后，专任研究院院长，与教育界虽非无间接的关系，但对于教育行政，不复参与了。

1937 年 12 月